自然旅记丛书

# 从野性到感性

## ——山鹰观鸟记

朱敬恩　著

上海科学技术出版社

图书在版编目（CIP）数据

从野性到感性：山鹰观鸟记/朱敬恩著. — 上海：
上海科学技术出版社，2018.8（2020.8重印）
（自然旅记丛书）
ISBN 978-7-5478-4071-9

Ⅰ.①从… Ⅱ.①朱… Ⅲ.①鸟类-普及读物 Ⅳ.
①Q959.7-49

中国版本图书馆CIP数据核字（2018）第139815号

**从野性到感性——山鹰观鸟记**

朱敬恩　著

上海世纪出版（集团）有限公司
上海 科 学 技 术 出 版 社　出版、发行
（上海钦州南路71号　邮政编码200235　www.sstp.cn）
永清县晔盛亚胶印有限公司印刷
开本 787×1092　1/16　印张 17
字数 230千字
2018年8月第1版　2020年8月第2次印刷
ISBN 978-7-5478-4071-9 / N·153
定价：69.00元

# 前　言

"我叫山鹰,是个鸟人。"

自从开始观鸟,在向别人介绍自己的时候,我总会这么说。

观鸟界有句话叫作"观鸟就是观环境,观鸟就是观人生"。未曾有观鸟体验的人通常能理解这句话的前半部分,但对后半句往往颇有疑惑。

我于2004年来厦门大学攻读管理学的博士学位,却因为偶然的机缘开始观鸟,进而追随鸟儿的翅膀,走遍神州大地。在此期间,认识了很多鸟友,也做了很多与鸟类保育相关的工作。当年我带着观鸟的小学生,如今都已经在带别人观鸟了;听过我讲观鸟的大学生数以千计,年复一年;参与推动的观鸟组织建设、鸟类保护等工作,若是讲故事也能讲上大半天而不会让听众瞌睡;说我是国内观鸟界的资深人士大约也不算过誉。但是,这些都是观鸟的"副产品"。

十几年来,我目睹了国内的环境变化和社会变迁对鸟类生存状况产生的巨大影响。观鸟就像是一场需要全身心投入的游戏,寻找的过程也是观鸟者重新审视自己内心和性格的历程;更有自然界呈现出的很多有趣现象与人类社会里发生的故事的奇妙契合,这便有了书写观鸟日记的初衷——通过记录对鸟类的观察历程,引起对人生和社会相互关系的思考,并借此激发公众对鸟类的关爱、对自然的尊重和对人类自身的反思。

"山鹰,你什么时候出书啊?"

每当我观鸟归来,将沿途的见闻和感受写成文字放在网络上供大家分享的时候，往往能听到这句问话。

关于出书，一开始我并没在意，认为直接分享给大家，能有助于推动观鸟、自然观察和环境保护就很好。直到有一天，某位朋友改变了我的看法，只因他说了这句话："你去的那些地方将来可能会没了。你写的文字再好，在网络上也很容易湮没，那些地方也很快被遗忘。你应该在系统地整理后正式出版，让更多的人记住那些美妙的地方、了解那些美好的感受，最终推动鸟儿的保护和栖息地的保存。"

我承认，此时的我已经有些心动！与此同时，曾经参与野外工作和动物保护，现在转向可持续发展和环境教育相关图书的出版，也关注自然的上海科学技术出版社唐继荣编辑正在策划一套具有一定生态伦理高度的我国原创自然类图书"自然旅记丛书"。因为有共同的目标，所以当好友将我的这些"散文"推荐给他，而他也觉得正好适合这套丛书的定位，并主动联系到我的时候，我就答应了。

可是，我去了东西南北，写过数百篇观鸟日记，但总体上写得零零碎碎，该以怎样的方式呈现给读者呢？

考虑再三，我最终选择从"环境"角度入手，即先从大多数观鸟人每日身处的城市及周边开始，再到需要颇费一番精力才能抵达的山林和旷野。这也是从熟悉到陌生、从小欣喜到大探索的过程。

本书共分四篇，分别是"城市观鸟""深山相逢""湖海听翼"和"旷野对视"。"城市观鸟"主要展现当我将观鸟作为一种习惯——而不仅仅是爱好——融入自己的生活后的所见所感，亦可理解为"小境独觅"。因为我的父母生活在上海，而自己长居厦门，所以这两座城市难免会反复地出现在我的观鸟日记里。"深山相逢"主要描写森林鸟类，记录了我在山林里寻找鸟类的有趣经历。"湖海听翼"主要以水鸟为描写对象，讲述了在一般人眼里"色彩单一、不够漂亮"的水鸟，在我的心里激起了怎样特别的体验。厦门是一座美丽的海滨城市，所以爱观鸟的我渐渐地成了一名滨海水鸟迁徙研究工作的义务调查员。此外，在内地的湖泊里也居住着众多湿地鸟类，自然也一并收纳进来。"旷野对视"主要记录我在原野上做鸟类观察的心得：从荒漠到草原，鸟儿千差万别，唯有爱鸟的心不变。无论您是打算循序渐进，从身边的鸟儿开始观赏，还是将观鸟作为欣赏内容添加到您走遍中国大好河山的旅途中，我都希望本书能够为您提供一些新的信息，拓展新的视野。如果您读罢此书能够拿起望远镜，走向属于自己的观鸟旅程，甚至开启环保之路，那将是我莫大的荣耀。

　　因此，观鸟不仅是观环境，观鸟更是观人生！

　　需要说明的是，本书中提到多位曾一起观鸟的鸟友，在绝大多数情况下，都是以我们彼此熟稔的"自然名"相互称呼（就好像大家都叫我"山鹰"而不是本名朱敬恩一样）。由于很多鸟友以鸟类的名字给自己取自然名，还需读者根据上下文的含义甄别究竟是鸟儿还是"鸟人"。

　　另外，由于我从开始观鸟就采用《中国鸟类野外手册》（约翰·马敬能、卡伦·菲利普斯和何芬奇著，湖南教育出版社2000年出版）等图鉴，原来的日记往往也采用这些图书的系统，部分鸟类的名称与国内最新的权威专著《中国鸟类分类与分布名录（第三版）》（郑光美主编，科学出版社2017年12月出版）稍有差异。为此，稿件整理时将国内分布的鸟类名称依据《中国鸟类分类与分布名录（第三版）》进行了调整。为了便于读者快速找到书中对鸟类的相关描述，书后提供了鸟类名称索引。

朱敬恩（山鹰）

2018年1月21日

莲湖观鸟者

# 目 录

第三篇　湖海听翼

胡杨木

第一篇 城市观鸟

　　本篇描写的观鸟点集中在城市中的小区、公园和校园，以及近郊寺庙，也包括一些人流较密集的风景名胜区。这些地点因为人类活动频繁，鸟儿的种类相对较少，但是生活在这一区域的鸟儿通常也不太畏惧人类，比较容易观察。最妙的是，在这些地方观鸟，除去交通便利的好处，时常会让人不自觉地将日常生活与观鸟默默地联系起来，在细细揣摩之后，往往别有一番趣味。

　　本篇还包括一些在观鸟旅途中与鸟类本身关系不大的行记。天地有大美，观鸟并非旅途的全部，而那些看似琐碎的记忆，当停下脚步歇息的时候，会发现它们全都是闪烁的珍珠，又怎忍舍弃？

# 逝者如斯夫

## ——厦门大学鸟事

既然逝去是不可避免的
那么新生也会是自然而然的事情

## 鸟去馆空

清明节，难得有个大好的天气。在家中越发地待不住，就拿起相机去厦门大学（以下简称厦大）老生物馆所在地看看过境鸟来了没有。

很遗憾，没收获！问了问别的鸟友，说前几日黄眉姬鹟已经到了厦门植物园，而那里已经是翻过了厦大后山地界的。

忘记说了，这里现在已经不再是生物馆，因为厦大生物系已经整体搬迁到翔安新校区很久了。那栋当年鲁迅讲过课的厦大最古老的教学楼，如今已经荒废，连看门人也已搬走，只有一把铁锁还在忠于职守。老生物馆被校方舍弃之后，不曾想竟然也被过境的候鸟们给抛弃了，这让我很难过，毕竟这里曾经是一周出现了厦门7条鸟类野外目击新纪录的地方。往昔盛况不再，难免感慨，更何况是在今天这样一个凭吊的日子。

想拍些野花，可除了酢浆草和黄鹌菜之流，如今的厦大校园里真的很难找到野花。那些被规整地四处种植的园艺品种，不能说不美，可始终找不到我想看到的那种怒放之春。

遇见一片黄金间碧玉的竹丛，有生有死；死去的灰缟惨淡，活着的金缕玉衣鲜活靓丽。都是同根生，先后而已；命运的归宿是一样的，不同的只是过程。所以，寻找回忆注定是要失败的一件事情。能做的，也不过是凭吊。进一步来讲，既然逝去是不可避免的，那么新生也会是自然而然的事情。你看，黑领椋鸟在筑巢，噪鹃在枝头呼唤伴侣，只有一只傻傻的白腹鸫还贪恋着南国的温暖，忘记是时候北飞去寻找属于它的爱情了。

在这个清明节，我没找到年年都曾信守诺言的过境鸟，也没拍到自由自在绚烂绽放的野花，只见到木棉树下落红如雨，光影流转在古老的屋檐下飞逝……

## 贵　客　临　门

又是一年。

为了那只红尾歌鸲，我在厦大老生物馆长长的台阶旁守候了至少半个小时。

鲁迅在《朝花夕拾》里说他每日都要走上这百米长的台阶去讲课。先生早已作古，但这台阶还和这个世界一样，依旧是老样子，只是青苔重了不少，榕荫浓了很多，并且比以往的学堂周围多了些穿得花枝招展的游客罢了。鲁迅在厦大待了不到一年就由于各种原因离开，即使他自己承认厦大时光是他生命中最慵懒的日子，恐怕先生也不曾有暇去关注身边南来北往的候鸟，尽管这个地方是候鸟北迁到厦门的第一站。

因为一只莽撞的白腹鸫一直在附近来回蹿跶，搞得那只羞涩的红尾歌鸲只敢躲在新发的细竹丛里。观鸟的人都知道，看不清楚比压根就看不到更令人郁闷：就像如今的世道，很多事情每每有点希望却又始终难以等来最后的结果，到最后大家连抱怨的力气也都耗散尽了。只是那红尾歌鸲总要进食，矮墙边厚厚的腐叶下有它最爱的虫子。终于，它跃上枝头，顾不得门户大开，管不了被一览无余，又轻巧地落在地上，享受起大餐，仿佛一切先前所担心的不安都已不在。我在想，幸亏，它遇到的

红嘴蓝鹊（AT 摄）

是我!

很多鸟儿都有上佳的保护色,即便是艳丽的红嘴蓝鹊,在藤条蔓生的树林里也是踪影难觅。但一叶障目的把戏玩多了,也就不再那么有效。其实,既然彼此都看得真真切切,倒还真不如学那草丛中的鹊鸲,挺直着身子,昂着头,勇敢地面对着眼前的一切。

淡脚柳莺每年也就在这个时节才有可能在厦门看到,但看到了肯定就不会忘记。尽管柳莺类的辨识一直很让人头疼,但是淡脚柳莺的个头比厦门常见的两种绿色的柳莺大很多,又没有差不多一样大的极北柳莺那么鲜绿,很容易认出来。面对这个活泼的小家伙,我忘记了先前久觅无果的一切痛苦。

再仔细瞧瞧林子里吧!如果眼睛无法带你去寻找,那就试一试用耳朵去聆听。地面上传来窸窸窣窣的翻动落叶的声音,不是鸫类便是画眉。黑背黄嘴,是乌鸫么?不,别忽略了它肚皮底下如落在宣纸上的墨斑,这是乌灰鸫的雄鸟!一点儿也不像它那四处招摇的亲戚乌鸫,它极度谨慎。我隔着层层的枝叶俯视着它,它应该看不到我,但依然不时紧张地抬头四处张望,难道是听到我手里相机的快门声了?

如今在厦大老生物馆一带的鸟儿似乎都比往年警觉很多,就连珠颈斑鸠、暗绿绣眼鸟也经常在我靠近之前一哄而散,更别提前几日我在这里试图观察的那只黄眉姬鹟了。当时我只看了它一眼,而它刚与我对视就立刻振翅离去,再也找不到踪影。在随后的清明节期间,厦门是接二连三的大雨,直到今天才重新放晴。我盼着能在它离开厦门之前再看它一眼,可惜的是,希望之后终归又是失望!

来来回回、走走停停地就这样绕来绕去。眼看着时间已逝,正准备离开,忽然见那林子边的一群麻雀里有一只鸟儿显得与众不同,安静得多。待它一转身，下颌一抹鲜黄色仿佛是一片金色的落叶粘在那里，还有细小的黄眉、深橄榄绿的背部，还能看到露出的一点儿黄腰。绿背姬鹟！多年前在中山大学见过绿背姬鹟的印象已经很模糊了，眼前又在厦大看到，忍不住有些惊喜。它在林下的小灌丛里一小步一小步地走着，偶尔低头找点吃的。我用相机尽可能从不同角度记录它的身影。它应该也发现了我，但似乎并不十分畏惧，只是尽可能地在灌丛中闪躲，不过也一度忽然走到空旷的地方，让我措手不及。相机的设置还没来得及调整就赶紧"咔嚓"几张，事后一看，全过曝了！它已远去，看那个方向，恐怕不会回头。很多时候，机遇就那么一次，如果不能及时跟上命运女神的步伐，有再多的遗憾也只能是遗憾了。

厦大生物系已经搬去翔安新校区，这里的老生物馆自然就名不副实了，渐渐地这个名字肯定会被淡忘并且被取代[1]。若不是还有一个从战争岁月留下的碉堡尚有用处，这里的树林早就被夷为平地了。即便如此，这片神奇的树林的命运终究会怎样不难想象。现在这里还有几只流浪猫在巡游，有好事者专门在这里给流浪猫喂食；还有越来越多的游人喜欢来这个楼梯上自拍或者群拍，嘻嘻哈哈地真把校园当作景点了。所以，鸟儿变得越来越警惕也是情理之中的事情。可怜那曾经在此尽情摆出各种姿势的黄眉姬鹟，这才发现想过上富有闲情逸致的生活需要巨大的胆量！

回来后我把"绿背姬鹟"的照片放到网上，鸟友"雷鸟"却说这个应该是黄眉姬鹟琉球亚种[2]，不同于厦门常见的黄眉姬鹟指名亚种。这个亚种在我国大陆是极其稀罕的，在厦门应该是第一笔记录。如此说来，上天对我还是很眷顾的。因为他总给人以希望，哪怕那些希望都曾经破碎了，但只要还有希望，谁又能保证有一天这些希望不会真的就变成现实呢？！我们需要的是等待，在行动中等待，就像那只停留在厦大主楼

---

[1]　2016年底，校方将老生物馆改建为生物标本馆，除了供教研之用外，也对社会开放参观。
[2]　《中国鸟类分类与分布名录（第三版）》（郑光美主编，科学出版社，2017年）将黄眉姬鹟琉球亚种提升为单独的物种——琉球姬鹟。——编辑注

高高屋角上的游隼，从春等到秋，等待一个俯冲的机会，等待着获取一个属于自己的自由世界！

## 春　去　也

农历三月三，忍不住又去厦大走了走。樟树的香气都被连日的雨水压到地面上，走过，便搅起一阵芬芳，来不及离开就先迷醉于此。

黄葛树的果子吸引了很多的鸟。虽然都是乌鸫、八哥、白头鹎、麻雀之类的，看似不甚稀奇，但你来我往且互不相让，仿佛把整个春天的喧闹都集中在这一棵树上，光是听这声音也叫人心喜。

老生物馆前遇到一只乌灰鸫的雌鸟，但前段时间看到的雄鸟却没了踪影；红尾歌鸲还在竹林里来回蹿跶，只是并不肯轻易给你仔细观察的机会。远远地就看见鸟友"老鼠队长"端着相机、猫着腰身躲在那里"喂蚊子"，最后恐怕也是无果而归。不过珠颈斑鸠、白腹鸫什么的倒是相对大方，"哒哒"的快门声响对它们似乎都已没什么影响。

三只成年黑脸噪鹛在搭建一个巢穴。难道它们和鸦类一样，也有帮亲的行为①？其中一只的嘴里叼着好长一片树叶，远远飞起的时候，叶尖掠过它的头顶，我还以为是红翅凤头鹃。结果，只是一场空欢喜！

没什么稀罕的鸟，就连柳莺似乎也离开了。噪鹛从眼前飞过，然后停在一棵大树上，又周而复始地叫唤，一声比一声叫得紧迫。

没看到在草地上奔跑着放风筝的人，却在草地上遇到一小片美女樱。它们在春风里轻轻地颤动着，像极了美人闪烁的眸子。这名字也不知道是谁起的，果真是好！

---

① 帮亲行为指某些鸟类在繁殖季节帮助父母养育弟妹的行为，但有些种类的个体也可能会帮助除父母和弟妹之外、具有亲缘关系的其他个体。

# 村边湿地里的千娇百媚

鸟儿们近在咫尺，随处可见
让我心底始终保持着那种久违的观鸟时的甜蜜

现在已经是2011年岁末，此前已经很久没写观鸟日记了。盖其原因，无非有这么几种：一是没去看；二是看了也没看到什么特别的鸟；三是以前常去看鸟的地方如今面目全非，早已无鸟可看。

乍一想，观鸟多年，厦门常见的鸟儿也都不知道看了多少遍，新鲜感少了，所以也就不怎么想看了。但是，这看似一件很自然而然的事情，可仔细琢磨，却又觉得并非如此。实际上，尽管厦大的情人谷湿地已经变成高尔夫球场，凌云水沟已经盖上了水泥板，但只要有时间，我还是会带上望远镜在厦大、厦门植物园里晃悠的。哪怕是看到暗绿绣眼鸟和红嘴蓝鹊之类的本地常见鸟类，我依旧会饶有兴趣地观察半天。但是，每次观鸟之后，人却无论如何提不起精神来！为何？

直到最近几天，我接连去了厦门岛外两个临近水边的村庄观鸟，方才明白个中缘由。

那日在翔安张埭桥水库，风在水面推开粼粼波光，一只凤头䴙䴘和一群小䴙䴘是湖面上悠闲的舞者；几只白鹭、中白鹭和青脚鹬站在岸边和湖心的几个土堆上如放哨的卫士——尽管高矮胖瘦各不同，不像仪仗队那般整齐，却也都保持安静沉默，任由风儿将羽毛翻得凌乱也不甚在意，最多偶尔扭过头用长嘴将羽毛横扫几下，象征性地理一理了事。

往昔高高的芦苇也在风的淫威下低低地俯下身子，芦苇荡中原本隐蔽的间隙此刻便若隐若现起来，绿翅鸭的身影因此时不时地闪进我的视野。一只孤独的雌鸭，突然近乎垂直地奋力飞将起来，然后在湖面上空快速地鼓翼盘旋。没有阳光，看不出它翼镜<sup>①</sup>的颜色，只有那长而宽的白色翅膀上的横斑让我印象深刻。或许是只斑头秋沙鸭的雌鸟吧。总之，我还来不及从脑海里搜索出它的名字来，这只野鸭已经复归芦苇深处，眼前唯有寂寥的天空。或许这便是泰戈尔当年所看到的情景，于是他写下："天空未留痕迹，鸟儿却已飞过。"

昨日在海沧水头村，鱼塘埂堤简直就是黄腹山鹪莺和褐山鹪莺的宴会厅；橄榄绿色的肥胖树鹨和土黄色的细长田鹨，伴随着庞大的家族千里迢迢地从北方赶来赴宴；金腰燕、家燕和小白腰雨燕把天空变成了洒满黑芝麻的奶白色烤馕；池鹭这等本地土财主一般的鸟儿，也急得来来回回；黑喉石䳭像是一群彼此保持距离、性格孤僻的流浪者，却也受不了这冬日"派对"的诱惑，落在荒野中剩下的稻秆上，好奇地打量着眼前的一切；金翅雀的欢歌如一连串的口哨；虽然普通翠鸟不时地将水面当作舞台，炫耀着它的华丽时装，但灰鹡鸰才是身材纤细的真正模特，气质尤胜一筹。就连害羞的棕扇尾莺也忍不住了，不时地从菜地中跳出来，对着四周左左右右地打探几番。还有那占满枝头的灰椋鸟、独霸一方的棕背伯劳、闪着尾巴到处蹿飞的北红尾鸲等，到处都是鸟儿的身影。与此同时，到处也都是鸟儿的歌声：悦耳的、刺耳的，有节奏的、聒噪的，低吟的、高声的，成串的、单调的……

这两日的观鸟，虽然并无任何特别的鸟儿，却因为鸟儿们近在咫尺、随处可见，便让我心底始终保持着那种久违的观鸟时的甜蜜。究其原因，我想正是这些地方的鸟儿宛若身在"天堂"，尽情展示了生命的动人，

---

① 有些野鸭的翅膀上各有数枚连在一起的羽毛，在阳光的照射下会闪烁带有金属光泽的颜色，称为翼镜。

　　而这大自然充满活力的展现,将眼前的每一次振翅、耳畔的每一声歌喉都变成一种可以体验与分享的喜悦,让作为观鸟者的我为之倾倒,继而深深地沉醉。

　　我终于明白,我没有写观鸟日记的原因:不是因为鸟儿,而是因为那些鸟儿生存的环境近些时候已经在不合理的"快速发展"的旗号下被大肆破坏,让我无力提笔。

黄腹山鹪莺（古古炊烟　摄）

# 不再怯生的干女儿

阳光下的孩子很活泼

就像历经严寒终于迎来春天的鸟儿一样

干女儿"雪鹀"天性颇为惧生，只有熟稔的人才可以稍稍亲近，否则就会使出撒手锏——哇哇大哭，同时赶紧躲到她亲生父母的身后，露出戚戚的、带满泪光的眼神。我不免疑惑：世界究竟有多恐怖，会让一个小孩如此心生畏惧？

如今这种情况已经改观了很多，盖因她父母经常带着她出来与鸟友一起观鸟。慢慢地，她看到我们的时候脸上也渐渐多了笑容，有时候甚至会主动抓住我们故意凑近她的手指摇啊摇，开心地笑出声来。但是，她依旧不愿意让父母以外的人抱抱；就算是我这个干爹，也只抱过两次而已。

那天我们原本要去厦门天竺山观鸟，结果到了海沧的时候已经是上午十点多。为了避免在山上没有地方吃午饭，我们决定先去水头村走走，吃完午饭再上山。水头村照例都是常见鸟类的影子，多得让人欣喜。我来过许多次，无所谓看不看鸟，晒晒太阳也是好的。干女儿很少来这样的田野，看得出来她很开心，如今又学会了走路，就拉着她妈妈的手，小短腿一软一拐地走到一条平时我很少走的岔路上，而我们都笑着说"今天就跟着她混好了"。

　　没多远便到了一个长满水草的小池塘边，说笑声惊起数只池鹭。就在众人指着池鹭教"雪鸮"认鸟的时候，离我们不远的水草丛中忽然冒出一只黄褐色的小鸟，踏着水草飞快地钻进池塘对面的水边灌丛里。"好东西，秧鸡!"我大喜惊呼，赶忙招呼众人加紧搜寻。这鸟比鹌鹑大不了多少，太快的动作让我无法确认它究竟是何方神圣。好在那灌丛不算密集，轻轻荡漾的水纹暴露了小家伙的行踪。透过横七竖八的枝条间的缝隙，它胸口灰色的羽毛、带有黑白花纹的褐色背部和翅膀、下腹部的横条纹一览无余。我的脑海里忽然就闪现出两年前在香港米埔自然保护区看到的灰胸秧鸡，太像了，虽然隐约也觉得有些不对劲(后来才搞清楚，灰胸秧鸡的嘴是红色的，个头比较大，而且背部没有横斑)。

　　手头没有图鉴，只能用望远镜死死地盯着；从嘴到尾巴，每一个细节都一边念叨一边在脑海里深深地印刻下来。它怯生生地，在灌丛的掩护下伸开长长的爪子，向前迈开却又颇为疑惑地退缩，脖子不时地歪一下，在望远镜里甚至偶尔可以看见它眼里的反光，绿色的长嘴在水底翻找着什么，又间或停下来抬起头，蜷缩着脖子，侧着脑袋仿佛在仔细聆听外面的动静，似乎随时准备继续躲闪到某个角落一般。它紧绷而胆怯的神态，像极了我那干女儿几个月前见到陌生人时的表情。

　　忙不迭地发微博，半分钟后电话就响了，显然厦门的鸟友们深受那几行文字的刺激。于是有了后来清晰的照片记录，是小田鸡——我的2012年首条个人新纪录。其实小田鸡在中国的分布很广，但是完美的保护色加上天生害羞谨慎的性格，让真正见过它的人少之又少。

　　阳光下的孩子很活泼，就像历经严寒终于迎来春天的鸟儿一样。我这干女儿第一次"带路"就令众人有如此好的收获，真是让她父母高兴得一整天都笑得合不拢嘴了。小田鸡害怕人类，因为它们与人类的活动范围靠得太近，不得不保护自己。小孩子惧生，那也是自我保护的天性使然。其实只要从内心深处发觉环境是安全的，孩子也好，小田鸡也罢，都愿意出来在阳光下奔走一番，不是么? 既然如此，我们所能做的，就是去为他们营造一个安全而美好的环境，多一点努力，再多一点努力!

# 窗外有树，飞鸟自来

鸟儿的家比我们的大
因为，它们的心比我们的小

住在三楼，窗外有树，飞鸟自来。晨梦或午寐中经常被它们吵醒，但我瞌睡大，也爱它们，不会恼。听一会儿，更是满耳清爽、心下澄明，翻个身，又好眠一场。

仔细数来，搬过来三个月，竟然见了十几种鸟儿！

最惹人注意的当然是红嘴蓝鹊，个大、美艳，吵得凶，像是包租婆，我得看她的脸色才能得一点儿安宁。我这小屋面积不大，但窗户蛮多，所以一年四季估计都得这么着——抬头见，低头也见；即便飞了，过不了多久又来，还得见。

白头鹎也是常客，叫得轻柔些，但声音有一些浊沉。我是爱鸟的，不嫌其吵，旁人就未必了。红耳鹎也爱来，而它是歌唱好手，细细聆听，不亚于"清泉石上流"。

初春时节，几场春雨一落，秃枝复醒，如同变魔术一般，不用几天便是满眼碧叶轻摇。冬季时常常可以看到的北红尾鸲和黄腰柳莺，也没打招呼便急忙忙北飞远去。我也不伤感，等秋风起，它们自然会回来。

夏日，攀爬在树冠上的三角梅开得热烈，鸟儿亦来得殷勤。暗绿绣眼鸟总是一群一群的，而珠颈斑鸠通常三两只一起活动。绣眼鸟虽然个头小但是胆子大，斑鸠正好相反——每每我一推窗户，慌不择路就扑腾逃窜的准是斑鸠。

鹊鸲说自己会变调，乌鸫笑了；乌鸫说自己最婉转，画眉笑了；画眉说自己最嘹亮，黑领椋鸟笑了。至于八哥，它似乎什么都会，可什么都不算精通，像个大忽悠。有时候我会放点吃剩的水果或者菜梗儿在窗台上，算是支付这演唱会的门票钱。

除了这些，远远地，能听到噪鹃洞穿"水泥森林"的"声声慢"；偶尔抬头，会撞见白鹭或者池鹭展翅滑过。家燕、小白腰雨燕快速掠过夕阳时，则会在我房间内的墙上留下一闪而过的影子。

这屋子有很多墙，墙内是我的家。

这屋外有很多树，除了三药槟榔、假槟榔、石榴、黑叶印度胶榕、鳄梨树、柏树，还有一株龙眼。它们是鸟儿的家，而且只是一小部分的家。

鸟儿的家比我们的大，因为，它们的心比我们的小。

白头鹎（林子大了 摄）

# 梦鸟记

这本是喜爱群居的鸟儿
不知为何就那么孤独地在树丛里叫着
像个迷失的孩子

回到上海第二天就不小心闪了腰,于是哪里也去不得。躺在床上实在是腻味了,便在自家的小院子里小心翼翼地走上几步,算是"放风"。

院子有六七十平方米,种了桃、李、杏、樱桃、梨和葡萄,少不了还有各种花儿,比如金银花、蔷薇、牡丹、栀子花、秋海棠。母亲又种了些蔬菜,野草也没少生,偌大的院子里乱糟糟的,却也欣欣然。院子正好在风口上,所以这些花草树木长得并不好,也就是图个绿葱葱的惹人爱。不过等到花开的时候,姹紫嫣红地还是颇令人惊艳。至于秋实挂枝头的事情,自然是鸟雀们最先知道;大大小小的果实并不多,却多已被它们逐一尝过。有时候我也会摘下一两个,并不介意鸟啄过的痕迹,狠狠地咬上一口;遇到不酸甚至有点甜的,那真是好运气了。

我父母所在的小区绿化其实很不错,可是毕竟都是些园林植物,加上旁边的一条溪流的堤岸又被硬化处理,翻来覆去地看也就那么几种鸟儿——白头鹎、乌鸫、珠颈斑鸠和麻雀。前几年偶尔还能看到的红隼和棕背伯劳现在基本看不着了,原本在溪边草丛中出现过的白胸苦恶鸟、黑水鸡还有鹪鹩什么的也都消失殆尽——家都被拆了,它们自然也没法不移民!我还记得冬季在自家的院子里看过黄腰柳莺,但这时节的上海自然也不可能有。前两日听到院子里传来细细的叫声，母亲问是不是有小鸡崽跑到我家院子里。我说上海哪里有家养小鸡崽啊，肯定是鸟儿。走出去看，果然是在上海还算蛮常见的棕头鸦雀，却只有可怜的一只。这本是喜爱群居的鸟儿，不知为何就那么孤独地在树丛里叫着，像个迷失的孩子。

小区里流浪猫也不少。这次回来，便见我家院子里经常有三只小猫在晒太阳，都是自己穿过绿篱笆来去从容的。小猫甚是可爱，不过我也见了白头鹎夫妇站在树枝上冲着地面灌丛里的母猫大声叫嚷的场面，或许是担心它们的宝贝落入猫口吧。

棕头鸦雀（林子大了 摄）

我是回上海来静心的，却总是无法彻底静下来。想想我这几十年，真正心静如水的时刻，只怕都是在大山深处的时候。看着家里这个什么都有却又什么都并不特别的小院子，忍不住问自己："如果有一天我老了，我还会贪图这人世间的繁芜么？"

本想陪爸妈过几天舒心的日子，结果却被家里老掉牙的沙发闪了腰，疼得无法走路。上次手术的刀口忽然又感染，卧床都觉得难受。在上海这样的大城市，出门看病是件让人觉得很畏惧的事情。好不容易到了医院，一进门，一片凄凄惨惨的景象，让人心底又徒添郁结。

好在我还可以在自己的世界里找到一点乐趣，忘记这些外在的痛苦。翻翻书，看看纪录片，听听窗外的雨声和鸟鸣，欣赏竹影在玻璃窗上摇曳成画,都很容易让思绪就这么陷进去,直到不得不起身吃饭和换药。

就这样待在家中,没过几天,做了一个梦。

因为身体的原因,已经错失了两次与上海鸟友去观鸟的良机。那遗憾嘴上不说,却早已在心底盘桓甚久,终是酝酿出一场漫天飞花、百鸟齐舞的大梦。

朦胧中,少不了激动不已地呼朋唤友快来看,免不了担心这眼前也是昙花一现、奇景转瞬即逝。努力地睁大眼睛,试图辨识这究竟是哪些鸟类,偏偏一个都不认识;与这种三分相似,却又和那种颇为接近。如此几番,对自己的辨识水平倍加怀疑起来。不自信到了极点,又被眼前美轮美奂的鸟儿震惊到了极点,然后……就醒了。世界还是那个样子,没有鸟儿,只有四壁的墙!

我本自由,忽然动也不能动,于是,有了这篇梦鸟日记。

# 外滩的鸥

我大概就像那只灰翅鸥吧
知道自己并不长期属于这里
但是暂时且安定地存在着

　　黄霑在写《上海滩》的歌词的时候并没有来过上海，只是凭借想象，觉得黄浦江应该是浪花飞溅地奔腾到海，所以写出了"浪奔、浪流……"的语句。其实，黄浦江是温和厚重的。这么说并不是因为黄浦江有多美，而是她实在是太浑浊了，厚重得像一块发黄的老豆腐。这些年，上海滩尤其是浦东越发流光溢彩，只是江水浑黄依旧，好在已经不再有浓烈的臭味，于是鸥回来了，漫天地飞。

　　我喜欢黄浦江上的鸥，驭风翱翔，自由自在。无论是高楼大厦还是轮船码头，都只能做它们俊俏身姿的背影。站在外白渡桥上，甚至可以触碰到它们的翅尖。只是每每此时，白如雪的尾羽微拧，一个轻柔的转身瞬间完成——它们留给你的，不过是一瞥的眼神，你却早已心满意足。

　　与上海的鸟友们相约在浦东的滨江公园赏鸥，对面是百年外滩的万国建筑。我原是极想成为一位建筑设计师的，因为觉得人终归是要死去，可如果我设计的建筑还在，能让很多人居住和使用，亦是一种永生。大约是这个愿望的出发点过于贪婪，所以老天并没有给我实现它的机会。虽有遗憾，但并不懊恼——观鸟十多年，那些时隐时现的精灵们，早已教会了我看淡得失，更别提身后事了。如今，站在一位欣赏者的角度，我依旧喜欢外滩的那些建筑，喜欢老建筑上装饰的细节和背后的历史；同时，对身后高耸入云的新摩天大楼采用的现代科技也颇有兴趣。这份轻松和愉悦，虽然比不得缔造者的那份自豪感来得浓烈，却也绵长悠远、怡然自得，好像眼前的那些鸥。

　　这些鸥并不在意我们的目光，尽自觅食、休憩、戏耍，甚至强盗般地相互追逐。只是因为黄浦江浑浊的水，让它们捕食水下的泥鳅和其他小鱼变成一件相当费力、甚至只能依靠运气的事情，所以"抢"似乎更划算。但是谁又能保证费尽心思抢来的小鱼儿不会被更加身强体壮的其他个体抢走了呢？在一个被"海盗基因"主宰的群体里，其实，谁都不会真正过得安稳。那嘶叫声、仓皇的身影和满滩涂因为打斗散落的羽毛，都是丛林法则最好的标签。想到此，有点庆幸自己生而为人。可是，人类社会真的就比它们做得更好么？

　　这里主要有两种鸥，分别是西伯利亚银鸥和黄腿银鸥。它们外形差别不大，一般人也分不清。每个鸥群里不仅有当年出生的幼鸟，还有前四年出生的亚成鸟[1]，加上成鸟共有 6 个不同生长时期的个体，而且各自有不同的花纹；再加上少量的小黑背银鸥等其他鸥类，感觉忽然一下人

小黑背银鸥（左）和黄腿银鸥（右）（村长 摄）

就晕了。我虽然略有经验，可心底也是不够笃定。索性放弃分辨，专心感受那些凶悍或者温厚的眼神，欣赏它们戏水时仰脖扭颈的姿态就好。

　　黄浦江上船来船往，距离我第一次来上海已经过去了 20 个年头。眼见它高楼起，眼见它填湿地，眼见它人潮汹涌车

----

[1]　有些银鸥性成熟可能长达 4 年。除了夏羽不同，第一年到第四年的亚成鸟的冬羽也有差异。——编辑注

流滚滚，也同样见证了苏州河不再臭、绿地日渐增多，尤其是各种保育工作蓬勃发展。这里是国内因为大规模城市建设而改变自然生态最早的地区之一，也同样是清醒得最早的地区之一。还好，不算太晚。至少，有只灰翅鸥应该觉得此地尚且不错。

它就在我眼前的这个鸥群里深藏功与名！这只灰翅鸥是上海有史以来这种鸟儿的第一笔记录。它与其他鸥类幼鸟的差别，仅仅是尾部不是黑色，而是与身体近乎一致的土褐色。无奈，鸟人们都有鹰一样的眼神，它到底还是未能藏得住，被看得隐私全无，无所遁形。在我的眼底，它略显孤独，看不到它与其他鸥之间有交流，也没有打斗。它起先静静地站立在靠近滩涂岸边的浅水里，随后独自慢慢地走进开阔水域开始洗澡；也正是这个动作，让我们看到它翘起翅膀后显露出与众不同的尾部。后来，它又回到鸥群中间，但与身边的其他鸥类保持着几乎相等的距离，埋头睡觉。似乎黄浦江上呼啸的北风和周围嘈杂的鸥群并不曾让它心烦意乱——这里就是它的家，哪怕是暂时的！

在上海，我大概就像那只灰翅鸥吧——知道自己并不长期属于这里，但是暂时且安定地存在着。每年冬季我都会回到上海来看望我的父母，然后，在春天离开。无论是对于这座城市，还是对于我父母的生命历程来说，我都只会是过客。可即便事实如此，我总还是希望我的回家，能够让父母在上海阴冷的冬季里觉得稍微温暖一些。我也希望，不仅这只灰翅鸥，还有那千百只穿越古今建筑大观，在面向太平洋的广阔视野里翱翔的银鸥，能够带给这座城市又一个真正的春天。

银鸥迎风张开翅膀，浪花在它们身下匍匐。那些远去的人们，请回头再看一下故乡的天空吧！

# 上海鸟界"四大金刚"与春天

大约是深刻体会过严寒的痛苦
它们如此一根筋地渴望着春天
执着地呼唤着、期待着

　　窗外阴沉沉的，并无大好春光，而小区里的珠颈斑鸠却叫得让贪睡的人无法入眠。惊蛰虽然过了，但一场倒春寒让人感觉又回到了严冬，手脚继续畏畏缩缩起来。倒是这些鸟儿们，开始认死理一般从早到晚不停歇地讲述着春天的故事，对刺骨的寒风和飘零的冷雨全都置若罔闻。院子里的那些花儿也是如此，悄悄地开了，或者已经涨红了脸，仿佛随时会绷不住大笑起来。

　　珠颈斑鸠是上海最常见的鸟儿之一，在上海鸟友嘴里位列"四大金刚"之一。其他"三大金刚"分别是白头鹎、乌鸫和麻雀。

　　麻雀大约是全国人民都认识的鸟儿，对很多人来说更是唯一认识的小型野生鸟类。于是，时常听到一些人说"哪里有什么鸟？只有麻雀"！我并不觉得他们是故意这么说的，实在是因为在他们的眼底，所有的小鸟都长得一样——麻雀的模样；麻雀也是他们唯一观察过的野鸟——胆子大、靠近人居。

　　在如今的互联网时代，各种信息几乎随手可得、无处不在，但是很多时候，人们看到的、接受的依旧只是某一个方面的内容，甚至是完全荒谬的谣言。谣言总是比真理更能积极地推动自身的传播，就像那些会主动飞到你身边觅食的麻雀一样。对那些懒得去找一找究竟身边还有没有其他鸟儿的人，或者那些只会等着鸟儿飞到自己身边的人，一来二去，思维已然形成了惰性，于是在互联网的世界里稀里糊涂又心甘情愿地变成谣言的接力棒，也就不足为奇了。

乌鸫（林子大了 摄）

　　除了都是一身的黑色，乌鸫和乌鸦完全不同，但总被混淆。人们都知道乌鸦是黑的，然后竟然就认为黑的便是乌鸦。其实这样的人一般都没真正见过乌鸦的模样，只知道乌鸦黑罢了。这其中的逻辑混乱并不难理解，甚至你若跟他说了，他自己也会觉得好笑——是啊，我怎么会这么蠢？可是我们不就是这样愚蠢地生活了好多年——还记得"老子英雄儿好汉"么？

　　好在黄嘴巴的乌鸫自己会唱歌，而且婉转动听。人们知道乌鸦黑，同时也知道乌鸦的叫声聒噪难听，所以心底不免疑惑。然而，一旦敢于质疑，求真的欲望被乌鸫美妙的歌声激发，他们就会发现，真相其实并不遥远。

　　喜欢站在树顶的白头鹎是很受人欢迎的，橄榄绿的色彩谈不上漂亮却很耐看，叫声谈不上悦耳却也还入耳。更关键的是它那一头白发让想象力丰富，又对各种吉祥寓意痴迷的国人甚为喜爱：白头——"白头到老"。所以在1949年前处于"国统区"的上海，尽管十里洋场纸醉金迷，国民政府颁发的结婚证书上却妥妥地印着两只白头鹎。仔细一想，持久的婚姻可不就是白头鹎的那个样子——可能一切都不尽如人意，但一切都足够满意。

我写这段文字的时候，一只白头鹎刚好跳到窗台上。隔着玻璃我们彼此对视，它歪着头用嘴敲了敲玻璃，或许是表示同意我的看法。

回到珠颈斑鸠。不少人以为那是家鸽，但也隐隐觉得与熟悉的家鸽有些不一样，只是并不曾真的去追寻个究竟，因为总觉得无关自己的生活，何必搞得一清二楚？于是在小区里，经常可以看见大爷大妈带着小孙子小孙女遇到珠颈斑鸠在路上不紧不慢散步后，是这样的对话——"快看快看，鸽子！鸽子！"小孩子于是又惊又喜，跟着喊："鸽子！鸽子！"有些时候，谬误真的就这样一代代地传了下去，然后美其名曰"传统"！

春天终究还是会来的。人类是最聪明的，聪明到可以躲进四季安逸的房间里，避开料峭春寒，静静地等着春天真的到来之后，自己便可以舒舒服服地享受春天的温暖和抚慰。可那些大自然里的动植物不同，大约是深刻体会过严寒的痛苦，它们就是如此一根筋地渴望着春天，执着地呼唤着、期待着，甚至让这种呼唤和期待本身成为春天的一部分。比起躲在屋子里聪明的人们，我更喜欢它们。

# 大蜀山间故乡人

鸟可不等人,只有你追随它的份儿
绝没有倒过来的理儿
观鸟这么久了,渐渐地习惯了不从人的角度看问题
换一种思路,一切便也释然

到合肥,约了还在安徽大学读书的鸟友"小鹰"一起去蜀山区大蜀山观鸟。他说中国科学技术大学(以下简称中科大)的杨姐姐下午也要过来,还有安徽大学动物保护协会的"根号三"和"毛信"。其实谁来都是朋友,天下鸟人是一家嘛!

"小鹰"嘴里的杨姐姐到了我这里自然就变成杨妹妹了。大概没想到我年长她很多,一开始还有些拘谨,不过很快中科大人的搞怪本性就露了出来,大家拍照观鸟扯淡好不快活。出来观鸟,我对理工科的女生素来有好感,觉得她们思维活跃、不拘小节,少有矫揉造作,多是直爽风趣。加上又是个博士,属于"灭绝师太"级别的,更是绝杀!"根号三"比"毛信"活跃些,他毕竟是男生,说与问都很勤快,引领我们在大蜀山的道路间漫步闲聊。"毛信"和我说话不多,眉眼顺顺的,声音细细的,只有那些漂亮鸟儿出现在面前的时候,她的脸上才会洋溢出光彩的神情;鸟儿一走,她旋即恢复了沉婉。和新朋友们边看边走边聊,竟然时常把"小鹰"落在后面。回头一看,这家伙要么正闷头拍蝴蝶,要么对着一株植物发痴。没办法,他就是喜欢拈花惹草、弄蜂戏蝶!

山脚下灰卷尾如同被面粉扑过的滑稽脸蛋给了我小小的惊喜,可除

此之外，一路上几乎不见鸟影。天翁又时不时地挤兑一下我们，飘上几滴小雨，难道存心要考验我们是否真的要继续行程？我是个乐观派，嚷嚷着指着前面的桥说："过了那片桥，我们肯定就会迈入新天地。"

到底是故乡的鸟儿啊，真给面子！还没到桥头，天空中就啾啾不停地飞过一群灰山椒鸟。昨天我才在市区的包河公园看了个仔细，今天又目睹它们群闹集舞的场景。正是它们掀开了头顶沉闷的大幕，一抹娇黄伴着歌声隆重登场。

就像天地间一个跳动的音符，黑枕黄鹂带着明快人心的喜悦落在沟壑里生长的高树上。等我们赶到桥上，它依然在绿叶间跳跃不已。这是一只亚成鸟，胸口带有五线谱一般的纵纹，明黄中渗着俏绿，正欢唱着"熊孩子的生活真美好"。可是，它妈妈似乎并不这么想，要机警得多。或许岁月已经让这只娇艳的母亲懂得该如何与人类保持距离，只见它纵身一跃、双翅一展，便直直地窜到远处的树梢中，不见了踪迹。随即林子里传来奇怪的猫儿发春般的叫声，那是她在呼唤自己的幼鸟。我原先只知道鹂鸣于翠柳时是怎样的悦耳动听，如今才知道竟然还有这般摄人心魂的焦躁。

一行人都高兴不已，乐此不疲地给没到场的人发短信，小刺激他们一下。喜悦嘛，当然只有在传递中才能更完美地感受到。

杨妹妹问我的目标鸟种是什么，我说是银喉长尾山雀。她说："Faint①！"这话我很熟悉，这才意识到自己和杨妹妹是校友。"Faint"一出，看来这银喉长尾山雀是没戏了。哎，没有就没有吧，谁让我来得不是季节呢！鸟可不等人，只有你追随它的份儿，绝没有倒过来的理儿。观鸟这么久了，渐渐地习惯了不从人的角度看问题，换一种思路，一切便也释然。

那就看看山斑鸠、八哥、灰喜鹊之类的鸟好了，或者，干脆学着"小

---

① "Faint"是英文"晕"的意思，为流行在中科大学生中的口头禅，来源于BBS（公告板系统），此处用来表达惊讶和意外。

鹰"，大家一起"围攻"一只漂亮的蝴蝶。那蝴蝶起初静静地伫立着，忽然又飞起，枯褐色的外表下竟然藏着炫目的蓝紫色光辉，绸缎一样熠熠生辉，引得我们几个跟它一样在山道间上下乱"飞"。猛然间看见远远的山下有片水域，蒹葭萋萋，荷风满池，便生了念头；几个人一商量，下山去也！

真搞不懂为什么有人会愿意毁掉湿地盖高楼，而湿地是那么美！风是软的，草是柔的，水是漾的，花是摇的，萍是荡的——如此撩人心弦的景致不仅是人类的福祉，也是鸟儿的天堂。不用费周折，在水边随意坐下，小憩时利用眼角的余光便可以收获良多。

几种鹭鸟优雅而缓缓地掠过头顶；喜鹊仿佛是聚集在一起的邻里大婶，嬉笑嗔骂吵吵嚷嚷地飞来飞去，没完没了；小䴙䴘还小，带着乖巧的好奇悄悄地游近我们，又有些怯生生地不敢真的靠近，总是在附近贴着水烛左顾右盼。忽然，一个大家伙从眼前的菖蒲丛中腾空而起，真黑，包公似的，颈曲如弓。"突袭"令我们连举望远镜都显得手忙脚乱，太近了！刚对上焦，这黑苇鳽便来了一个侧转急降，迅即消失在草丛里，任凭痴痴守候却再也不出来。这等稀罕物，真正是望一眼便已足够，加上刚才发现学着猫儿叫的黑枕黄鹂，此刻我心花怒放，想叫的念头都有了。

未几，杨妹妹忽然兴奋地叫起来："Faint！啄木鸟！"对岸的树干上，上上下下、左左右右跳个不停的正是红头红屁股的大斑啄木鸟。想当年在武夷山第一高峰黄岗山上，我愣是望眼欲穿也没能看到它的影子，今天可以看得这般真真切切，实在是托"乡亲们"的福气！心愿圆得这般毫无征兆，自是更觉欢喜。要不是碍于"男女授受不亲"的"清规戒律"，拥抱一下杨妹妹也是必须的。最终我们握手言欢，仿佛油画里革命领袖们在井冈山会师的那一瞬间，革命伟业果真令人心潮澎湃！

有如此收获，其他鸟儿就算是跳到眼前也难叫人动心了。回去的路很长，却显得尤其轻松愉快，说着鸟儿，谈着鸟事。人还是那几个人，情谊已随着步履的延伸越发地绵长起来。此番合肥观鸟，虽只有一天，却如神示一般：故乡，总是心底最隐秘、最温馨、最习惯成自然的归宿。

# 你好，台北

在台北植物园
通常胆小慎微的白胸苦恶鸟
大摇大摆地走在路上

    台北植物园小小的，不过植物很丰富。由于台北盆地独特的湿润气候，这里的林相非常接近热带雨林，树木异常高大，攀缘植物也不甘示弱。再加上人工的荷塘湿地，自然是少不了鸟儿的身影。台湾鸟友"老毛"大哥和"阿达"特地赶来与我们相会。老友相见，话题依旧。因为鸟儿有翅膀，鸟人的心也跟着变得宽广；海峡都显得狭窄，时光亦不过是白驹过隙。

    我们相聚在台北，相聚在黑冠鸦静静伫立的小池塘边，相聚在黑枕王鹟轻舞慢蹈的小树林旁，相聚在台湾拟啄木鸟（俗称五色鸟）蹿飞不止的林间栈道上，相聚在白胸苦恶鸟和黑水鸡与我们贴身漫步的荷塘畔。连赤腹松鼠也赶过来凑热闹，大眼睛的它们能否分辨出我们究竟是陆客还是台胞呢？

    祖国大陆与台湾的语言虽然相通，却也有不少口音的差异。这里的鸟儿与大陆阻隔了百万年，慢慢地也就演化出了自我的特征和个性。比如这里的棕颈勾嘴鹛，与大陆的同种个体比起来，尾巴稍短，胸口的纵纹却粗大如点墨；台湾拟啄木鸟更是因为胸口的红斑硕大璀璨，现在已经从特有亚种升格为特有种了。即便是同种的黑枕王鹟，这里的个体也胆大得多，与人靠近对视却毫不怯懦。毕竟在这块土地上，黑枕王鹟戴着一顶瓜皮帽冒充土财主，还是蛮受欢迎的事。

略略转过一圈，出台北植物园南门便是赫赫有名的台北市建国高中。我只顾着拍校门，全然没有想到伴着放学的吵闹声里，门口树冠上还有一群北椋鸟。涂着大大的烟色腮红的它们，面对以严谨聪慧出名的高中生们，丝毫不觉得自己的模样滑稽可笑，照旧是高高在上，彼此侃侃而谈——大约是透过窗户，早就偷学到了名师们的风采了吧。

午饭后去了由台北观鸟会负责运营管理的台北关渡湿地公园。面对台北市日益紧张的土地供应，关渡地区作为台北市区仅存的自然地块，所面临的开发压力年年递增。台北观鸟会的同仁们通过多方努力，兢兢业业地恪守着鸟人们心中最高的目标：为鸟儿，为孩子，为城市的明天留一份自然的天与地！在此期间所费心血，难以言表。想到大陆目前的环境保护状况，虽然已有所改善，但仍然要借孙中山先生的一句话来共勉："革命尚未成功，同志仍须努力！"

关渡湿地公园里的蛇雕从我们来直到我们离开，都停在那棵大树上纹丝未动，任由白鹭、大白鹭、苍鹭、夜鹭等从身边飞来飞去。连那些被我们靠近的步伐惊起的斑嘴鸭和绿翅鸭，也都丝毫不能搅动它坚定的身姿。或许，它就是台北鸟人的精神化身，守护着这片由基隆河和淡水河共同孕育出的台北绿宝石。

除了常见的鹭、鸭、鹬等湿地鸟类，这里还有一大群圣鹮。得益于台湾良好的生境和民众的保育意识，这种原来分布于埃及的鸟儿如今在台湾已经分布甚广，请都请不走了。还有爪哇八哥，也是铁了心不肯离开的"外来移民"。让我感到意外的是关渡湿地公园里林鸟也相当精彩，其中灰树鹊是一种聒噪不已，却又在平淡中见得惊奇的鸟儿。在厦门一般只有山地才能见到灰树鹊，在这里却相当常见。据说等天气稍微再冷一些，这里的林间将是各种鸫和鹟的天堂。虽然没看到这样壮观的场景，但黑枕王鹟的再度出现让我心底对此坚信不疑。

湿地公园为了筹款以维持运营，对外宣传是很重要的工作。他们请来艺术家用自然素材,如台风带来的漂流木、枯树枝、枯叶和淤泥,搭建起极具现代气息的装置艺术,让人的因素终于与自然不再冲突,而是相得益彰。如此别出心裁又令人拍案叫绝的设计,自然引来媒体和企业界的高度关注和大力支持。湿地公园里的稻田也被用来开展中小学生对农耕文化的体验,种出来的有机大米更是广受欢迎。

牛背鹭停在一只卧牛的背上。隔着草地、池塘、田埂和河滩,远远的阳明山慈父般呵护着这片沃土。台北101大楼高耸的剪影如春笋破土向天,而城市的天际线高低起伏犹如时代变化的刻痕。唯一不变的,是我们置身自然之中时内心的那份平和与安宁。到过了关渡,终于,我肯对自己说:"台北,我爱你!"

黑冠鸭(古古炊烟 摄)

# 台湾特有生物保育中心

姚老师很少说话,只是微笑
然后将一件又一件标本展示给我们看
将我们引入那神奇的世界

　　南投县的集集小镇,光听名字就有种让人温暖的感觉。实际上,最能感受这里温暖的,可能还是那些因为各种不幸而受伤后需要得到治疗的猛禽。

　　台湾特有生物保育中心(以下简称台湾保育中心)是个科研机构,没有院墙。几栋用来办公的低矮小红楼,外加几栋二层小联体的员工宿舍,便是这里所有的水泥结构。偌大的地方仿佛是一片生机勃勃的天然丛林,不仅有池塘、溪流、森林,还有蝴蝶飞舞、鸟雀鸣跃和甲虫欢歌。沿着略加修葺的石板小道,漫步其间,台湾野姜花的香气如清泉水随你而流。转角处遇到几间草亭,亭盖上几片泛红的台湾栾树叶子,草鹭从水边的芦苇间飞起,翅膀带着微风,羽间送来一波微微的秋凉。

　　台湾的猛禽救护中心就在这偌大的林区入口处。被玻璃反光误导而撞伤脖子的领鸺鹠、脚趾骨折的蛇雕、翅膀受损的凤头蜂鹰等,它们被民众发现后送来这里。在接受专业的康复治疗后,没有笼子,只有一个个开放式的隔间让它们可以继续接受治疗。如果有一天它们可以展翅飞翔,那么尽可以自由地远去。那飞翔的身影背后,一定会有一个人用最开心的笑脸相送——保育中心的鸟类专家姚正德老师。

被救助的蛇雕

姚老师生于乡下，自幼喜欢鸟儿，却苦于无从获取相关信息。后来因为台湾知名鸟类学家吴森雄老师偶然带着一班人去他家附近观鸟，当时十来岁的他要了吴老师的联系方式，不久之后便从家中一个人坐长途客车偷跑到台中找到吴老师，要求拜师求学。就这样，这个少年郎便开始了一辈子的鸟缘人生。而今吴老师早已过了七十高龄，姚老师也年近半百，可他们那份源自对乡土的深情所孕育出的对生长繁衍于斯的生灵们的挚爱，却越发地浓郁。姚老师很少说话，只是微笑，然后将一件又一件标本展示给我们看，将我们引入那神奇的世界。

还记得在厦门稀罕的赤翡翠么，这里的标本有七八只之多；国宝级的中华秋沙鸭，当时全球只有4只标本，这里有2只；还有华丽到令人咋舌的新几内亚极乐鸟、威猛的雕鸮等，看得我们惊喜连连。黑叉尾海燕，这种模式标本出自厦门的鸟儿，已经多年无人见过，在这里我们找到了它的标本。这些珍贵的资料，源自吴森雄老师当年的捐赠，也源自姚正德老师后续的不断补充。特别值得一提的是，这些用来制作标本的鸟儿，并非是去野外抓来的，而是从民间各种渠道无偿收集过来的死鸟，让它们得以重生，让更多的人可以从中获益：很多鸟儿的细节，没有标本是无法弄清楚的。比如白喉针尾雨燕，为什么叫"针尾"，此前我们一直都不明白。它的飞行速度快若闪电，让人根本无法捕捉到清晰的影像记录。这次见到标本才恍然大悟，原来它的尾羽中轴末端真的特化成短小坚硬的针尖状，这些"针"可以为它们在崖壁上停留的时候提供有力的支撑。

台湾保育中心的鸟类标本有数千只，外面的丛林里又究竟有多少鲜活的鸟儿呢？我们不带望远镜，用半个小时快速走了一圈，就记录鸟类40种以上，更不用说春去秋来的候鸟了。

台湾之美，美在这里的民众可以如此尊重和热爱自然，美在这里的生灵可以活得如此自由自在。

# 缘来禅定寺

人生苦短是本质,欢笑才是目标
让更多的人和你一起欢笑
就足以说功德无量了

　　离开甘南藏族自治州夏河县的拉卜楞寺,我本想直接去临夏回族自治州康乐县境内的莲花山观鸟,可甘南的长途客车多数每天只有一班,错过了就得等第二个黎明。所以,我计划在甘南的州府所在地合作市住上一晚。

　　合作市的出租车起步价2元,与公交车一样,招手停,顺道上人。当地人对于我这个外乡人并没有表现出任何的区别对待,不像同属甘南州的拉卜楞寺所在的夏河县,后者兴盛的旅游业挟裹而来的唯利是图随处可见。

　　在合作车站准备买翌日车票的时候,我改变了主意。一个黑面大汉得知我想去莲花山之后说,我可以先跟他的车到同属甘南州的卓尼县,而卓尼在下午有一班车到莲花山。我翻了翻手机里的地图,顺便查阅了一下"卓尼"这个从来没有听说过的地方。刚看了几眼介绍,我便想起这次出门之前在家中看到的一个纪录片,讲的是元世祖忽必烈皈依藏传佛教、顶礼他的上师大宝法王八思巴的历史。

　　卓尼最负盛名的寺庙——禅定寺,正是奉八思巴之命修建。屈指一算,也有800多年的历史了。巧的是,之前去的四川阿坝藏族羌族自治州若尔盖县求吉乡嘎哇村里的求吉寺,亦是奉八思巴之命修建。在求吉寺,我第一次得缘走进后殿。精美威严的佛像、历代高僧的舍利塔、堆满珍宝的须弥山,加上那位介绍的僧人口才了得,印象颇深。如此,想去卓尼探个究竟的念头便自然而然地在脑海里疯长起来。

那个黑脸大汉就是司机,一路上他都放着极其轻快的歌曲,让我怀疑他的内心住着一位长着翅膀的小天使。同车的是一个女孩,卓尼县人,大学毕业后在合作市做基层公务员,声音细细柔柔的。我问了她几个有关民族和宗教的问题,她似乎并不曾太多考虑过这些。虽然基层公务员的生活有些无趣和辛劳,但是周末能够回家和父母团聚的喜悦足以抵消这一切。

路边的风景不断地变化着,海拔渐低,河流渐宽,山上的绿色却变得稀疏起来。显然,这里是青藏高原向黄土高原过渡的地带。卓尼县城依山傍水,清清爽爽。禅定寺高高在上,很远就看得见金顶闪耀,佛光映城。

禅定寺一看就是新修葺的,不过修得很认真,从壁画的水平上就能看出来。这些壁画虽不及敦煌的处处妙曼灵动,却也是匠心十足,诚意满满;人物眸光流转绝无呆滞,禽兽神姿无不雀跃生动。

重现古人的工艺并非易事,就连颐和园长廊上的绘画亦是很久还未能修复完毕,盖因能达到祖辈工艺水平之人,如今一是少,二是雇佣成本早已是天价。然而寺庙有所不同,但凡是善男信女真的发了宏愿的,无不极尽所能、不吝工本地精雕细琢。倘若你见了一座新庙,建筑宏大但细节糊弄,不用问,那不是庙,而是披着寺庙外衣的牟利之所而已。因为菩萨万世,并不求速成,一点一滴都是精华,才是虔诚之心。

卓尼县很少有游客造访。此时正值午后,来禅定寺朝拜的也只有三三两两的乡民。我这样单反相机加望远镜的装束显然是个异数,但佛祖见多识广,自然不会有所动容,依旧是高高在上,一言不发。我看着他们,他们看着我;我对他们微笑,他们依然只是看着我。

寺里有磕长头的信众,地板已经被千万次的意志力磨得锃亮,像一面佛前的镜子，此心可鉴。我并非佛教徒，不信轮回，然而我亦非虚无主义者，觉得今生可以恣意妄为。人生苦短是本质，欢笑才是目标；让更多的人能和你一起欢笑，就足以说功德无量了。

殿外有一只灰背伯劳，它杀戮，它其貌不扬，它叫声嘶哑惨烈，但是它自强勇猛、冷静孤傲，不屑任何胆敢来侵犯的外强，亦不会假仁假义放过锁定的猎物。或许它就是护法神的化身，对别人来说穷凶极恶，对我来说却是帅气的所爱。我不信轮回，或许是我心有定夺，不再堕入轮回。

我不太记得当时还看到什么特别的鸟类了，毕竟四周也没几棵树，烈日之下就连我都有点蔫巴，鸟儿自然也不活跃。我隐约记得顺着一只鸫类在屋舍之间滑溜的身影，来到了后院的一座大殿边。那鸟儿在我看清之前，飞过垣墙落到后面的山坡上，而我只能悻悻地坐在大殿前的走廊上——多少图一点儿阴凉。

殿门是锁上的，而走廊上四大金刚的壁画颇为生动。日本动漫里的一些神祭，多少有他们的影子：身材强壮彪悍，表情夸张有趣，四肢曲展如迎风醉舞。看了良久正欲离开，旁边的僧舍里走出来一位年轻的僧人。也不知道哪来的缘分，我走过去问："师傅，这门能打开让我看看么？"那位僧人愣了一下，说："好的，你等一下。"旋即转身，拿了钥匙过来开门。

我乐呵呵地站在他身后，听得"吱呀"一声，厚重的木门被推开。一股流彩如泉涌而出，瞬间淌满了我的视野。

就像东南地区寺庙里的精雕细琢、北方皇家庙宇的红砖碧瓦、西南佛国的朴素庄重，藏传寺庙里缤纷的色彩容不得你视而不见。可以想象，当那些长久在蓝天绿草白雪间已经审美疲劳的乡民，忽然间走进这么一处华盖满屋、彩柱林立，到处都是金碧辉煌，无处不是流光溢彩的殊胜之地，该如何心生敬佩。

僧人叫华丹，对于我的提问总是不厌其烦地解释，从这里每一尊塑像的身份和来历，到整个禅定寺的历史。我惊叹于这里塑像的精美，问他能否拍摄。他说："拍吧。我们这里的佛像都上过电视很多次的！"他还告诉我,这些精美的塑像都是源自同一位木雕大师。只是殿内光线阴暗,我又没带三脚架,无法长时间曝光,未能拍到满意的照片,是为遗憾。

　　禅定寺原本保有国内仅存的两套藏传佛教的至高经典,简单地讲就是佛陀和佛教在古印度时期各位高僧大德发表的重要讲话。后来,其中一套被西方探险家带到了大英博物馆(最终转藏于大英图书馆),另一套则毁于"文革"。如今从英国影印了一份回来,珍藏在这一寺庙里,也算是不幸中的大幸。我对着那些堆积如墙的典籍礼拜了一下。尽管此生不大可能去读这样的梵文典籍,但它的存亡兴衰,与我,乃至各位看官也并非无关,不是么?

小伙伴

禅定寺里有个佛学院，但现在是假期，不用上课。几位留宿的小僧人正在树荫下的空地抢皮球玩，追逐引发的欢笑并不曾因为游戏的简单而减少，甚至还吸引了不少成年僧人也参与进来。我漫无目的地在寺院里的各个角落乱绕。此时，一位小僧人和一位与他差不多大的同伴一起，费力地提着一袋垃圾要去倒掉，脸上却都是笑容；一只小狗跟在他们屁股后面，颠颠地，神情同样欢快得很。我迎面撞见他们，立即按下了快门。毋庸置疑，这张"小伙伴"成了此行拍得最好的一张人物照。

等到日头没那么烈了，寺院后山的鸟儿便开始鸣唱，惹得我心痒痒地要去看个究竟。出门绕了好大一圈才走到寺庙背后，却发现还是那几种常见的鸟儿。倒是登了高处，视野开阔，得以俯瞰寺院和整个县城，这才觉得禅定寺果然是占了山间宝地，要风有风，要水有水。爬到此处，虽然大汗淋漓，但好风送爽，而且有众多的普通雨燕在眼前极速穿梭，乌溜溜的大眼睛和鱼鳞纹清晰可见，着实别有一番滋味。

临走前我向华丹要了他的微信号，把在禅定寺拍的照片发给他。没多久，见他将照片在他的微信上也发了出来。从他的留言看，似乎是有众多很好的反馈，大约都是惊叹寺庙之美。他很开心，觉得有助于弘法，当然我自然也是欢喜。华丹问我翌日是否有空，他可以带我去附近一个大峡谷，说那里风景宜人，而且肯定有鸟。无奈我和徒弟约了第二天在莲花山碰头，只得作罢。好在甘南总还是要再来的。

那天晚上在卓尼县，我一个人吃了半公斤的手抓羊肉。湍急的洮河边，市民运动广场上回荡着带有浓郁民族风情的歌曲。我混在围观的民众当中，为僧人和市民混编的篮球队一起鼓掌加油，直到夜深人静。一抬头，银河璀璨，跨在城外的山峦之上；再侧耳，悠悠的山谷，佛号似有若无……

# 我们的新疆

如此众多的民族
就像那些不离不弃的鸟儿一样
人们生老于此
定然亦不负于此

红山塔建于1788年，一直是乌鲁木齐市的地标，亦是文人雅士聚集吟风雅颂之处。虽然它不过是一个小小的山头上一座小小的砖塔，但在蓝天白云之下，却有着说不出的刚健之美。站在塔边环顾四周，远处的天山雄浑伟岸，近处的城郭车水马龙。乌鲁木齐，这座在天山夹缝中的城市，我轻轻地撩开她的面纱，期待着不一样的精彩。

早晨的红山公园里，灰蓝山雀是可爱的萌物；槲鸫是好奇又大胆的后生；普通雨燕是身手矫健的空中骑士；白鹡鸰像戴上了黑头巾的西北少女；新疆歌鸲是花腔女高音，用婉转多变的乐章叙说着它在这里的幸福生活；小杜鹃故作害羞，只露出尾巴，却用独特的叫声将我们的脚步一次次地挽留。然而，家麻雀才是真正的"地头蛇"，一只雄鸟领着众多宠妃，在林间草地上自由自在，视我为空气。

昨天的雨已经将天空中的沙尘暴变成了地面上一层细腻的黄土，空气很透明，阳光刺目，风很凉爽。原本担心天气可能会恶化的我们，心在鸟儿们的翻飞中渐渐地舒展开来。

在拍摄一只几乎跳到眼前的槲鸫时，我们引起了一位阿姨的注意。她说没想到这寻常的小鸟，靠近了竟然也那么好看。阿姨在20世纪50

年代从北京大学被调过来援疆，然后就扎根于此。她问我新疆好不好？我说好。她说新疆是真的美，而眼前这些又都是她们亲手缔造的，所以由衷地自豪；只是最近几年，因为一些极端分子搞得人心惶惶，而此前大家都像朋友一样相互真诚对待。阿姨说她相信今后会改善的，还说她是一位医生，给病人看病，是不分民族的。

离开红山公园后，我参观了新疆博物馆。该馆收藏的楼兰女子是古欧罗巴人种[1]，虽是干尸一具，却果真隐隐风姿尽现。穿梭于数具毛发肌肤保存完好的古尸之间，我觉得自己似乎有点打搅他们的安睡，又仿佛感到他们还在喃喃呓语，想告诉我关于历史的只言片语。站在那些拨去黄沙的掩埋之后重见天日的丝绸和缂丝面前，面对着汉代蜀地织锦护臂"五星出东方利中国"[2]上繁丽精妙的纹饰，以及历时千年色彩不褪、美艳如初的神奇，我已挪不开步伐。而这一切，又如何不令当年丝绸之路另一端的人们如醉如痴、疯狂成瘾？于是有了商队，有了陶俑；带着笑，带着泪，带着迷茫沮丧和豪情满怀，将岁月里的驼铃声带到我们面前，一步一个夕阳红，一摇一场风沙静、胡笳响。

新疆博物馆里还收藏有远古的陶器和上古的岩画。仔细凝望，流动的曲线拙中见美，狂野背后是生存的欲望和对天地本能的敬畏与探索。

离开新疆博物馆的时候，一只乌鸫从眼前飞过。这种广布于欧亚大陆的鸟儿，想必千百年来，那些商旅官宦也曾见过的。它是杰出的黑色歌者，总会给人以意料之外的动人之音。可芒种过后，它便倾心去抚育后代，于是原本贯穿欧亚，给了多少商旅思乡慰藉的熟悉曲调，忽然间悄无声息了。怅惘之余，古人记下了这一天："乌鸫感阴而止啼。"

下午，从新疆国际大巴扎出来时，我已经被各种色彩震晕了：彩虹般的丝绸，华丽的挂毯，五彩的维吾尔族小帽子，硕大的各种干果，锃亮的金属器皿，奇特的民族乐器，等等。附近肯定少不了各种美食：烤羊肉绝

---

[1] 欧罗巴人种又称白色人种、高加索人种。
[2] 该护臂是汉式织锦最高技术的代表，被誉为20世纪我国考古学最伟大的发现之一，也是我国首批禁止出国（境）展览的国家一级文物之一。——编辑注

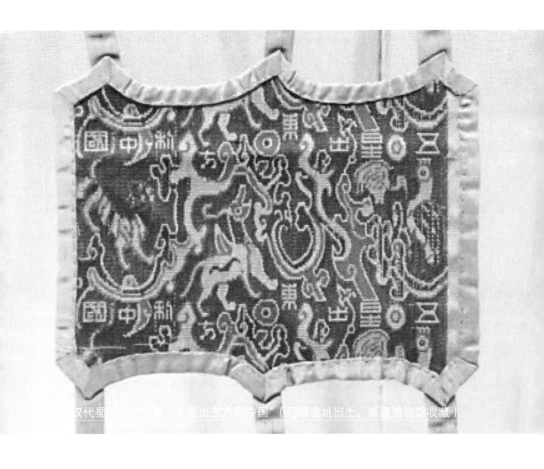

汉代蜀地织锦护膊："五星出东方利中国"（尼雅遗址出土，新疆博物馆收藏）

对"滋滋"地流油，烤包子是五星级的味道。减肥干什么？不吃成胖子对不起这些美食，更是对不起自己的心！这是完全不同的世界，是帅哥满地、美女如云，是时间在这些美好面前变得停滞不前的世界。

回想起红山公园里的那些鸟和新疆博物馆里的历史展，尽管在历史上各种势力的贪婪所导致的战伐与争斗在这片土地上曾经很少停歇，但是各种交融却始终可以绝地而生，或许这才是新疆的真正魅力所在。她的美囊括了雪山草原的壮阔和戈壁荒漠的悲凉；她既有湖泊的深邃，亦有大河的延展。这是我们的新疆，如此众多的民族，就像那些不离不弃的鸟儿一样，人们生老于此，定然不负于此。

# 腾冲来凤山的一缕阳光

细嘴黄鹂一定是上天派来的光明使者
它闪着琉璃金光的身躯
将眼前这千军矗立般的杉林里所有的阴戾之气一并驱散

明儿就是大年三十,我待在上海父母的家中,外面正下着雪粒子(即大气科学上的霰)。雪粒子是一种让无论是真正的北方人,比如东北三省的,还是地道的南方人,像两广和闽南地区的,都完全无法理解的事物——既没有漫天飞雪的浪漫,也不像那劈头盖脑的冰雹——它是由天地间白色的寒气凝结而成,不过半个米粒大小,打在脸上疼,落在手心冷。对于躺在被窝里迟迟不肯起床的我而言,这是一种"瞥一眼,眼神都能冻僵"的感觉。

这让我很渴望阳光。要是往常,我会开始思念温暖的厦门,但是这一次,跳进我脑海的却是另一缕金色的灿烂——那是云南腾冲来凤山上细嘴黄鹂的一身娇艳。

去来凤山纯属偶然。去云南之前,我拿定主意一定要抽空去腾冲看看,因为在很小的时候就听说这里的地热奇观非常出名,所以想着即便没鸟儿可看,也要去的。我时常以为,人在小时候的渴望始终是推动一生的巨大动力。不同的人有不同渴望,在长大的过程中不断湮灭又不断被重新点燃,能有机会忽然一下子实现,自然值得开心去做。

当我在云南鸟友"林子大了"家的客厅里说我要去腾冲的时候,他脱口就说:"去来凤山啊,就在市内,有细嘴黄鹂!"

于是到了来凤山,目标来凤寺。可我们一行7人竟然全看错路标,一直走到山顶。只是一路上不免疑惑,来凤寺应该是在半山腰的啊。要说在平时,早掏出手机定位了,可是因为一路上都有鸟——就在我们面前的台阶上,蓝额红尾鸲和蓝眉林鸲若即若离;在头顶的松林冠层中,是大量吵闹的古铜色卷尾和几只淡定的大斑啄木鸟;灌丛间则是永远都停不下来的黑眉长尾山雀、红头长尾山雀等——我们着实也闲不下来,早忘记了路线的"正确性"。毕竟,有鸟就行。

除了疑惑是否走错地方,我还对满山的坟墓感到不解,尤其是很多似乎是军人的坟墓,从清朝到民国的都有。此处的墓地与我之前所见国内大多数地区的山坟并不相同:巨大的石棺直接露在地面上,讲究些的还有飞檐门楣,异常气派,仿佛世间的屋子,可以走进去和里面的人一起坐坐,叙叙家常。中国人过去多讲究身后要深埋厚土,看来这里并无此惯例。

我拍了几张山坟的照片,便又去找细嘴黄鹂。虽然在来凤山的入口处挂着"国家森林公园"的牌子,但我在这山林里走着却忍不住怀疑这块牌子究竟是怎么来的。这里固然是满山的葱翠,可是生物多样性很低,基本都是松林和杉林,而且没见到什么百年老树,最粗的也不过七八十年的光景,分明是人工造的林。翻来覆去就是那么几种鸟儿,所以很快我们都觉得有些提不起精神了。

是那一缕飞翔的阳光,带着金子般闪烁的明媚和灿烂,在远处的林地罅隙里,将森林上空的

细嘴黄鹂(村长 摄)

阳光重新带进我们的视野,令人如同服了兴奋剂般亢奋——细嘴黄鹂一定是上天派来的光明使者,它闪着琉璃金光的身躯,将眼前这千军矗立般的杉林里所有的阴戾之气一并驱散。它大声地歌唱着,那是一种让我无法理解的怪异的嘶喊,听上去更像是一种愤怒,似乎是将人世间所有的痛苦和愤慨杂糅之后的爆发,听得我脊梁骨发冷,却又热血沸腾。

后来我们又偶遇了大鹃鵙。它看似毫无特色,就躲在半枯的树林枝桠间,浑身上下灰得好像一个会隐身的江洋大盗。不过是贼就忍不了安分的,而要"行窃"自然也就会露出马脚,于是便被我们的望远镜逮个正着。

除了这两种鸟,在来凤山我们并无其他特别的收获。来凤寺最终还是被找到了,它就坐落在山下的主路旁。寺里梅香四溢,苍松翠竹点缀其中,不过似乎只有门口的石头狮子颇有些年头。我们在寺前的林子里发现了捕鸟的网,自然是去费力地拆了,并且救了网在上面的一只黑胸鸫。两只燕雀则没有这么幸运,在遇到我们之前,它们已经听着佛号魂归西天了。寺里的人只说他们是不会捕鸟的,但不晓得有人在此干这种营生。遇到此情此景,我们的心情不免有些低落。就连寺门口那佛家"得坐且坐"的箴言,此刻读起来也少了禅意,多是无奈。

来凤山顶还有一座高耸的白塔,塔形奇特,仿佛一座苗条、许多层的天坛。读了读四面塔门上的匾额,无非是风花雪月之类。我虽觉得奇异,也觉得并不难看,却还是嫌它太新,没甚兴趣。

倒是下山后在腾冲看到的一座"瘦小"的纪念碑让我感怀尤深。纪念碑高不过5米,四方的底座上竖立着一座细长的四角攒尖碑,上面写着"民族之光"四个字,落款是"蒋中正题"。于是拍了一张,把照片贴到微信朋友圈里。后面的回帖让我瞬间意识到"腾冲"——这个我小时候之所以一直向往之地——不仅仅是因为这里的地热温泉,而且是因为这里的血,更热。

来凤山,曾经焦土一片。

西南地区曾是抗战时期最后的防线,是国际捐助的抗战物资最重要

腾冲抗战胜利纪念碑

的乃至唯一的通道；腾冲的军民与日寇在这片横断山脉里浴血奋战了整整两年，最后将日军全歼于此。是以，才有了那满山的军人坟冢；是以，才有了"文革"期间，见证过远征军浴血奋战的腾冲老百姓不顾自身的安危，用黄泥遮住烈士纪念塔，让忠魂寄托之所得以留存；是以，才有了之后植树造林，笔直伟岸的松杉如挺拔的脊梁遍布山峦。

而我，也终于明白为什么这座山上战壕遍布——那是抗日勇士为每一寸山河浴血奋战到底的见证；也终于听懂了细嘴黄鹂的叫声里为什么犹如充满了无尽的愤慨——那其实是中国远征军第二十集团军，尤其是陆军第五十四军第一九八师的烈士们的怒吼。

细嘴黄鹂果真是光明天使，它带来的是如今山顶白塔崭新的风花雪月。然而天使并不是送福童子，她更为重要的职责是教会我们懂得感恩、珍惜和不懈地努力。它那并不动听的嘶叫声提醒着我们——一切的沉重，并不曾真的远去。

我怀念那一缕阳光，可以冲破黑暗，驱走冰霜。甚至，我希望能做那其中的一丝微光，只要你不闭上眼睛，它就能给人以无限的希望。

　　本篇记录的经历和事件都发生在城区之外的山林之中。森林是众多鸟类的家园，无论是巍峨的雪山还是低缓的丘陵地带，森林都赋予群山最美丽的衣衫。穿行其间，从树顶洒进林中的斑斑点点的阳光里，鸟儿妙曼的身影令人着迷。相对于湿地近年来频遭侵占的状况，各地政府对森林的保护力度要大得多，封山育林使得很多林鸟都获得休养生息的机会。尽管山林中的视线不够好，各种枝叶的阻挡使得发现鸟类的过程变得相对困难，不过观鸟不正是因为需要用心去发现才更加有乐趣么？

　　本篇中有不少文章比较长，实在是因为在深山里寻找鸟儿的过程充满了各种不确定性。而且，有了这些别样的经历，得与失，往往都不那么重要了。

# 雉舞泰宁峨嵋峰

朝闻黄雉暮唤鹏，溪外茅舍窗对峰。

雾掩春山千般翠，风催老干百样红。

雨后桐花珠似玉，月下新竹势如虹。

时人都云四月天，不入深谷怎疏慵。


　　北京鸟会的几位大姐早早地从原单位退休，然后享受起四处观鸟的美好生活。前不久来福州参加鸟类博览会之后，竟然在闽东和闽北待了近半个月。她们来厦门的时候我正好有空，就陪着在厦大转了转。无奈天公不作美，于是改成"雨中风景一日游"，但聊得欢乐，亦是神清气爽。问起她们前些日子的观鸟行程，得知在福建武夷山脉西南麓的泰宁峨嵋峰收获颇丰，遂动了心思，转头和鸟友"越冬"说了一下。"越冬"是行动派，没几天就说："买好车票，咱们去吧！"

　　峨嵋峰观鸟其实就是沿着山路来回走就行了，但山顶的一小片湿地和灌丛也可以转悠转悠。这里最出名的鸟儿当属四种雉类，即黄腹角雉、白鹇、勺鸡和白颈长尾雉，而且它们都只有在山路两侧才能偶遇。无奈18公里的漫漫山道靠步行效率实在太低，而且如今中国恐怕极少有不怕人的雉科野生鸟类，我们又没车，包车便成了唯一的选择。

　　当地的肖师傅与我年纪相仿，这几年接待过一些观鸟者和拍鸟者。因为他自己打小也喜欢鸟儿，所以与一般的司机不同，很乐意随时为我们的一声惊呼停车，而且似乎比我们还要更努力地寻找鸟儿的身影。这次决定来峨嵋峰，也因为北京鸟会的大姐们向我推荐了他，说是他常常天不亮就催着几位大姐赶紧出发，晚上要一直晃到天黑才返回，生怕错过了一丁点儿观鸟的机会。如此，甚好！

我们中午到达三明市泰宁县，到了才知道这是个古城，不仅青山碧水，而且文脉源长，在历史上士大夫官老爷出了不少。我本来还在纠结当天下午是不是该休整一下，先去逛逛古城，果然还是架不住被肖师傅说得心动："进山找鸡①！"也是，看看环境摸摸底也好。

出门观鸟，最怕一无鸟二无风景。泰宁的丹霞地貌蜚声中外，荣登世界自然遗产名录，但峨嵋峰却属于外围，除了海拔高点，并无特别的景致可言。好在一路上溪水潺潺，两岸林相丰富饱满，车行其中，如陷入色彩深浅不一的翡翠山谷，如此生境必然有鸟。心里有了底：此行不会虚妄。

正想着，就看到前面跨过两座山头的电线上停着一只凤头鹰。仔细看，爪子下面还有一只魂丧西天的草蜥，长长的尾巴只能垂在那里随风晃荡，再也无法左摆右甩了。有猛禽作观鸟的开门红，不消说，是个好兆头。

天空晴朗。山里虽然没有让人叹为观止的奇峰怪峦，开得蓬勃如锦绣的杜鹃花却足以让人流连。那些红色的杜鹃花满树地开着，热热闹闹地有着火一样的热烈；另一些素雅纯粹，有胜过雪一般的洁白；也有粉色的，如少女的脸庞，有说不完的娇嫩；更有那紫色的，带着让人妒忌的傲气，开得酣畅淋漓。

花的世界少不了鸟的歌声。索性，鸟儿本就是一朵朵会飞会唱的花儿。橙腹叶鹎戴着蓝色的项圈，露出芒果黄的内衣，披上青草绿的衣裳，唱的小曲儿九调十转，裹着无边春色穿梭在花丛里。叉尾太阳鸟娇小玲珑，但并不妨碍它同样花枝招展，笑声颤得连十丈之内的花草蛙虫都跟着一起放浪形骸。

---

① 鸟友习惯将雉科鸟类统称为"鸡"。雉类一般个体硕大，色彩艳丽，而且家鸡也是由雉科的红原鸡驯化而来。中国是全世界雉科鸟种最多的国家，但雉类习性通常较为隐秘，在野外并不容易观察得到，所以在观鸟界有着"一鸡抵十鸟"之说。

　　车到山顶停下后,肖师傅带我们走进一条无人的小路,说是有黄腹角雉常出没于此。这本是一条山脊,两边都是杜鹃林,林下长着很多蕨类,地上果然有不少黄腹角雉的粪便。正蹲下去准备"研究"一番,空中传来急促的鸟鸣,红翅鵙鹛雌鸟一闪而过。"越冬"没看清楚,有些遗憾,而我看过多次却还是觉得欣喜,因为这胖乎乎、圆滚滚、大眼睛、厚嘴巴、脑袋灰不溜丢、身上绿意如茵、翅膀红若朝阳的鸟儿实在是太具有喜感了。哪怕只是一眼,也足以让你会心一笑,嘴角忍不住上翘。

　　走了很久也未能看到黄腹角雉,我们决定返回。就在一抬头时,林雕巨大的翅膀如乌云翻涌,自山谷里盘旋而上。还来不及诧异,又见松雀鹰如飞箭掠过山岗。猛禽运气好得我忽然心底担心起来:难怪一只雉类都没看见,猛禽是它们的天敌啊!唉,这可叫人如何是好?

　　管不了那么多了,既来之也只能安之。

　　继续走走停停。忽然窸窸窣窣地林子里传来不小的动静,只瞄到一眼黄褐色的身子,但并非画眉那种发亮的山吹色①,也不是黑领噪鹛或者小黑领噪鹛那种黄中带暗的木兰色,而且叫声远没有画眉那样婉转,接近黑领噪鹛的繁闹却多了一点点轻柔,更像是声音不大的嘀咕,或者略带不满的抗议。真所谓"没有见过的鸟就是好鸟",此番来峨嵋峰,我只想着见到白颈长尾雉和勺鸡便足矣,再没想过还要增加新的鸟种。这下忽然间送上门来一个,自然是激动得手脚都有些发抖。

　　定了定神才能稳住呼吸。撅着屁股、猫下腰、抬着头,朝林子里仔细搜索,绝不能任它就这么消失于密林之中。这只棕噪鹛当然不会消失,因为它和我一样,战胜不了自己的好奇心。这不,它小心翼翼地从密匝匝的枝头后面探出脑袋,正歪着头盯着我呢!也不知道它从哪里请来的化妆师,眼周裸露的皮肤竟然画了那么一大片亮闪闪的宝蓝色烟熏妆。见我不动,它慢慢地跳了出来,露出大半个身子,赤铜色的背羽密致到近乎光滑,腹部则是一片蓬松的紫灰色,而屁股下面,竟然雪白得很,在浓

① 指像棣棠花瓣一样的亮黄色,因为"山吹"是棣棠的日文名字。——编辑注

荫里格外抢眼。

　　我刚转头准备找"越冬"和肖师傅来看，它却似乎受了惊吓，转身翅膀一振，又钻进密林里了。我只好安慰"越冬"说总会有机会的。他嘴上大方，连连说"这有什么，随缘，随缘"，只是眼睛绝不肯离开那片林子，直到被我拽走。

　　我们下车的附近还有一片十亩①见方的湿地，由山顶下来的溪流汇聚而成。四周绿草如茵，碧树环绕，高山杜鹃花开得如火如荼，景致自是不错。有几棵大树半生半死，铮铮然枯枝如铁，欣欣然叶如华盖。再看那流水潺潺迂回而下，携落花与顽石相戏而不可强留，简直妙不可言。

　　也正因为不可言，黄颊山雀干脆就唱了起来。我是听不懂它的歌词的，但也听得出那骚动的热情。铜蓝鹟没有歌唱，那根高高突兀的枝头便是它的全部。它亭亭玉立，如同披着一袭浅葱色翠衣的美人，间或回眸一笑，却好似人鱼公主般心事重重，眉眼间如子夜般幽暗。大山雀已经在忙着筑巢，嘴里叼着很多葫芦藓在飞。黑领噪鹛在湿地边的林下成群结队地翻啄着，根本不理会头顶红嘴蓝鹊的聒噪。似乎也只有黑领噪鹛不畏惧这凶悍的红嘴蓝鹊，毕竟都是拉帮结伙的，谁也不用怕谁！普通翠鸟捕鱼是疾如闪电的犀利，而白鹭的优雅和池鹭略略的笨拙都尽现眼前。虽然都是些寻常的鸟儿，即便提不起格外的精神，但我们置身于此，满眼的繁花碧树鸟飞虫影，较之都市的嘈杂和桎梏，已是相当惬意了。

　　下山找鸡，毕竟峨嵋峰的"四大鸡"才是我们的目标。这下轮到我望穿秋水了。栗耳凤鹛、黑颏凤鹛、栗腹矶鸫这些山区鸟类都没失约，棕脸鹟莺满山敲着小铃铛，就连比较少见的栗头鹟莺、金眶鹟莺这等艳冠群芳的小鸟儿也都——落入法眼，可四种目标雉类，连最常见的白鹇都没看到哪怕一根落羽。

　　"越冬"观鸟时间不长，有前面提到的那些鸟种新鲜入账，并无我这

---

① 1亩=1/15公顷≈666.67平方米。——编辑注

黑颏凤鹛

等失落，而且他也体会不了。我其实也不是非要看到某某鸟种，只是有时候人免不了发贱，想尝试一下那种"求与求不得"之间的虐心。

那白鹇还是来了。只是天色近晚，它在林子里越发像个白衣幽灵，款款而动。然而，当我发现森林边缘开了很多白色的血水草，像极了白罂粟，忍不住俯下身子去尝试拍出那份低调的妖娆时，结果就在那些开满鲜花的山顶，白颈长尾雉飞奔而逝。"越冬"和肖师傅都看到了，我却连背影都没看清楚。勺鸡也出现过，可面对一片竹海，无论如何我也找不到肖师傅说的那根粗竹子，自然也就无缘一睹它的真容。"越冬"倒是看见了，难不成他俩是因为错过红翅鵙鹛和棕噪鹛而报复我？

他们当然不会那么小心眼，我也不会真的这么纠结。能在一起观鸟本身就是莫大的缘分，而且这些年收获了很多简单而深厚的友情。鸟友们虽说性格各异，背景千差万别，盖因真正喜欢观鸟之人多有一颗平常心，所以彼此很容易走近。当人身处自然，纷纷扰扰是很容易看淡的。是夜，住在泰宁城边的河畔，流水缓缓无声，梦里倒也安稳。

翌日起早进山时，泰宁县城里的早点铺子只有零星几家刚开张，一位惺眼朦胧的店老板在我们的催促中不紧不慢地给我们烫米线。我们心底着急，因为远远地看到峨嵋峰上有雾气，正是雉类最容易出没的天气，迟缓不得。

肖师傅开得飞快，但我在车后座上很快就睡着了，实在是困。岁月不饶人，年轻时可以连续好几天熬夜作战的劲头如今是不可能再有了。等进山后下了车，被清凉的山风一吹，如醍醐灌顶，整个人才瞬间活跃起来。

然后三人各司其职，肖师傅专心开车，我和"越冬"左右张目，沿着山路搜寻目标。徒劳无功的感觉很让人沮丧，我又犯起困来，忍不住闭目养神，将重任都交给前排这两位精力充沛的"年轻人"。

存心不想让我好好休息！我刚有点大梦来袭、身若飞仙的感觉，猛然肖师傅一个急刹车，并大喝一声："勺鸡！"我像一只刚醒来的苍蝇一样连声问："在哪？在哪？"生怕又像昨天那样错过。好在日复一新，今天毕竟不是昨日，那勺鸡就在正前方的路边。

它应该也注意到我们的车，但一时间不知道该如何是好，呆呆地立在那里纹丝不动。这是一只雄鸟，高挺着身子，浑身蓑衣如柳，略略有些紧张，连头顶两根小辫子也都翘了起来。勺鸡长得滑稽，大肚子和小脑袋还有上弦月一般的脊背，活脱脱就是一把大勺子，或者说是"司南"修炼成精。妖精通常都是美艳的，毕竟修炼了千年总不至于甘心把自己打扮成丑八怪。所以这勺鸡浑身上下色彩异常丰富，孔雀绿、金茶黄、黑茶棕、萱草黄，还有雪白和纯黑混杂其间。然而，妖精距离神仙毕竟还差那么一点点，知道色彩却不懂得调配，绿脑袋顶着黄辫子，露的白脖子围着茶巾，系着的一条硕大的棕色领带耷拉在大肚子上，甚至一直挂到裆部，怎么看都是暴发户的款型。

暴发户也好，土大款也好，我们看得心喜，手里的相机快门也没停过。正欲一点点地靠近，忽然山路上传来"突突突"的声响，那是砍竹子的山民正在骑着摩托车下山。这只勺鸡显然也意识到了它所面临的困境，"你看不见我，我是雕塑"的游戏是玩不下去了，于是心一横冲到公路上准备跑过去。无奈那下山的摩托车速度实在太快，眼看就要撞上，它只好掉头转身向我们的车头跑来。只是这车对它而言也是个不确定因素，于是当"鸡"立断，"呼啦啦"翅膀猛扇飞将起来，快到我们的头顶时又划过一道弧线，重新落回它好不容易爬上来的山谷里了。我们赶紧下车，而那勺鸡还在。只是经过此番惊吓，它伏在竹林里再也不肯大摇大摆地走动，半晌才微微探出身子，四顾并无什么危险之后，这才晃着小辫子摇着大肚子在林子里一溜烟地跑没了影。

我们仨群心振奋，继续铆足了劲找鸟。还没走百来米，车又猛然停

白鹇雄鸟（林子大了 摄）

住，"鸡！"

其实不用肖师傅喊，我们也留意到了，一大群白鹇就在车左侧的山谷里慢悠悠地刨食。也就五六米的距离，虽然竹子总会遮挡住一点，很难拍到完美的照片，但并不妨碍观赏——看不完整这只尾羽上的条纹可以看另一只嘛！看不到那一只冠上簇羽的光彩，旁边不是还有一簇在闪着深海一样的蓝色么？涨红的脸和青花瓷一样的翅膀，白鹇的雄鸟绝对是华丽骄傲的贵族派头。雌鸟则低眉顺目地跟在雄鸟周围，安心地埋头觅食。细数一下，光雄鸟就有11只，真乃盛况！我们轻轻地启动了车，想稍稍换个位置，群鸟似乎有所警觉，先慢慢地踱步离开，然后几只性急的干脆飞了起来，其他的紧随其后。霎时间竹海上空如仙子下凡般白衣飘飘，看得人有些痴痴的，全然未曾想着要去拍下那惊鸿翩翩。

继续上山时，遇到熟人了。老林正带着刘阳的学生在录繁殖季的鸟音。老林是国内最早的鸟导①之一，享有"神眼"的美誉。他虽然身在江西，却是我们厦门观鸟会的会员。刘阳是国内年轻的鸟类研究者，从北京师范大学毕业后先去欧洲，求学、观鸟两不误，现在是中山大学的老师。他们在一起，也算是强强联合，或者说专业学者与民间高手的合作吧。刘阳的那两位学生今后要来福建沿海进行调查，说是在研究一个鸻鹬类的新种。总之，说来说去都是自己人，要不老林车上那厦门观鸟会的车标咋会那么明显，我远远地就看见了呢！

与老林他们告别后，车开了最多5分钟，肖师傅身子一低，半趴在方向盘上说："大鸡！"

---

① 鸟导是通过提供带领别人观鸟或拍鸟的服务来获得主要收入的人。在自然探索比较发达的国家和地区，这是一门很常见的职业。国内从2000—2010年开始时的仅有数人，慢慢地发展到近年来有数十人的从业规模。

车前20米左右，在一片近乎裸露的山坡上，尽管黄腹角雉凭借身上的保护色与山体几乎融为一体，但饮水刨食的动作出卖了它。"越冬"已经激动得不知道该如何是好了，他的望远镜和相机都已打了"饱嗝"。那黄腹角雉乖得很，似乎对车子已经习惯，缩着脑袋的时候，就像一枚巨大而泛黄的卵，不过背部和尾巴上红与黄交织的众多圆点又好像是一幅秋收的现代派绘画，或是某个淘气的孩子站在草垛上打落的无数红枣儿。黑色的大背头，两根橙红的辫子此刻服帖地耷拉在脑后，同样橙红色的脸与喉部橙、红、蓝三色相间的肉垂连为一体——没有雌鸟在场，它自然也不肯将那肉垂鼓胀成炫奇的大花帘子，因为那样做实在是太费力气了！我们一点点地靠近，但它也不甚畏惧。直到双方距离10米左右时，它才不紧不慢地沿着斜坡往上走，拖着它那布满黑黄密纹的尾巴渐渐消失在丛林里。转眼间，又看到黄腹角雉的雌鸟在车边飞过，三人心底不

黄腹角雉雄鸟（AT 摄）

兔美滋滋的。

看看手表,才9点多。要说天翁真是作美,山下和山顶上的雾气都还没有彻底散去,偏偏就中间这一段有阳光斜斜地照着,勺鸡、白鹇、黄腹角雉简直毫发毕现,看得百般真切。若没有这大雾,它们通常会躲在林子里不肯随便出来;若雾太浓,即使遇到又未必能看得仔细。今天承蒙上苍有此等的眷顾,夫复何求啊!

一切都顺利!在竹林渐少之地,阔叶林层层叠叠如华盖千张,栗头鹟莺和金眶鹟莺昨天还羞答答不太好意思见我们,今天就像已经熟稔的邻家小妹,欢快无比地缠着我们聊各种八卦。在阔叶林消失的地方,黄山松虬枝苍劲,昨日只是匆匆地打个照面的红翅鵙鹛和棕噪鹛俨然成了主人家,全都殷勤地出来招呼我们这三位客人,搞得我们都不好意思离开。还有怪叫的大拟啄木鸟、哼着小曲的黑短脚鹎、唱着花腔的橙腹叶鹎、笑声跋扈的黄嘴栗啄木鸟、叽叽喳喳的灰眶雀鹛、嚣张的灰树鹊、听起来让人心惊的松鸦,等等,使森林之家一派祥和欢腾。

虽然还未能尽情一睹白颈长尾雉芳容,但显然我们需要休息一下才能消化这一上午的巨大收获。于是,那个下午我们没有观鸟,而是去九仙湖漂流。在丹霞地貌的世界里,在九转十八弯的水上,在开满石斛的崖壁之下,在漫长的一线天中,在阳光把水波荡漾在金色的石壁旁,我们的竹筏推开天地的静瑟,闯进山与水的情意绵绵之中。而天空,是林雕盘旋的羽翼!

景区的工作人员告诉我们,这里野鸡很多。正说着,景区交通车的司机就喊我们看窗外——路边废弃的农田里,一只高飞的环颈雉,拖着长尾,如霓虹一道,正投入森林的怀抱。

晚上在泰宁县城里游荡。江上的廊桥灯火通明,但我们都有些疲倦,想来是白日里都有点兴奋过头的缘故。至于明天早晨是否还要进山,我表示无所谓,“越冬”却说:“进,必须进!”

次日起得更早了,进了山天才刚蒙蒙亮。在第一个大转弯处,又是肖师傅眼尖,白颈长尾雉!这次观鸟也不知道是肖师傅运气好还是我们运气好，反正这找鸡的事，我早已完全交给肖师傅，甘愿看二手鸟①。

在车左边的斜坡上，大约15米远，一个凹进去一点的地方，一只雄性白颈长尾雉正在吃早餐。带着露珠的嫩草是它舌尖上的美味，它吃得开心，心情好到要用"起立、抖翅"的姿态向全世界昭告。真美啊！以往见过的绘画、拍到的照片通通都不如这眼前的美景。这是华丽之外的鲜活生命，自有一股精气神，一种在家园门口闲庭信步的悠然自得。在它那红彤彤的脸庞之下，银白色的脖子藏着黎明的灰色，喉中央却是黑压压一道；翅膀和胸腹随着角度的不同变幻出琥珀与朱红的色调，装点着青蓝色的覆羽和洁白的翼斑；腰部的花纹好像黑白双色的鲤鱼鳞，胁部还有些斑纹，到了腹部则纯净如雪；长长的尾巴绛紫色与栗色相间，拖在地上像裙摆，甩过蓬草似飘带，高高翘起如战旗。

"四大鸡"已经全都看到，我们也不想再进山了，决定就在这里盯着这只白颈长尾雉看个够便好。观察得越仔细，自然就越有收获！原来，这里不仅是它的觅食地，也是它的家，而它的老婆此刻正在巢里孵蛋。若不是我们如此专注于此地，只怕根本不会发现那只与周遭浑然一体的雌鸟和隐蔽万分的巢穴。也正是因为注意到了雌鸟在孵卵，我们决定撤离，以免惊了它们。爱，从来都不是一种打搅，对吧？

之后我们出了山，去往福建与江西交界的垭口。一路上没什么景色；除了一只泛着淡蓝色辉光、静立枝头的赤腹鹰和一只穿林而过、矫健敏捷的日本松雀鹰外，也没什么鸟。不过这已经相当好了，不是么？

快到垭口的时候，路边忽然多了很多古木，上面有很多树洞。上次北京观鸟会的大姐们在此看到了黄冠啄木鸟，虽然此次我们苦守无果，但是满山的映山红却在这里给了我们最热情洋溢的欢迎。所谓"一株红映山，不枉映山红"，这满山遍野红花似火，正如我们此番泰宁之行的心情，是人间四月天里最幸福的燃烧。

---

① 观鸟的乐趣有很大一部分在于寻找鸟类的过程，而鸟友将看别人找到而非自己发现的鸟称为"观二手鸟"，言下之意是"满足感略有折扣的观鸟"。

# 113鸟舍的九寨沟

> 林间只有我们
>
> 这很好
>
> 全部森林、溪流、松萝、苔藓、雪地还有鸟
>
> 都是我们的了

这是我第三次来四川九寨沟了！风景不多言，依旧很美。

第一次是在风雪潇潇的世界里，在祖母绿一般的海子边，我以独行侠的方式寻找鸟儿的芳踪。鸟看了不少，在当地的一家青年旅行社还认识了一位至今还经常保持联系的好朋友。前两日他还打电话给我，让我推荐一个人去给他们单位的摄影协会做观鸟讲座。

第二次是和几位因九寨沟的水太美而几乎无心观鸟的鸟友沿着大路看看鸟影——鸟自然没看到太多，不过认识了出身厦大绿野①社团，如今在九寨沟国家级自然保护区工作的柱子哥。前几天他回漳州老家时路过厦门，我们在一起喝茶，顺便帮他给九寨沟的生态导赏方案出谋划策。

而这一次，则是和广州113鸟舍②的老师们一起，带着近40名学生和

---

① "绿野"是厦门大学一个大学生环保社团，在国内高校的同类社团中享有盛誉，曾获共青团中央嘉奖，并荣膺"福特环保奖"。

② 这是广州113中学一个在老师指导下的观鸟社团，草创于2007年底，是广州目前开展观鸟活动历史最悠久、活动内容最丰富的中学生观鸟社团。因为机缘巧合，该"鸟舍"的几位创始成员均随笔者在广州市区和近郊有过多次学习观鸟的经历。此后，笔者也多次参与了113鸟舍观鸟活动的路线设计并担任领队。

家长的观鸟之旅。带这么多人，能看到什么鸟？说实话，心里没底。不过我想，既然我们刚到汶川高速路口，路边的河滩里就立着一只灰鹤，然后在众人下车为之疯狂之际，一只大鵟又在大家头顶盘旋，有鸟没鸟似乎已经不需太多顾虑了。

去各地观鸟，对我而言，早已是"独乐乐不如众乐乐"了。就像鸟友"鵟老爷"爱用长焦镜头和全画幅相机"放毒"[①]一样，我则用三寸不烂之舌将一个又一个人诱惑进这神奇的观鸟世界里，鼓励他们勇敢地踏上这条"不归路"，并且幸福地走下去……

九寨沟，是我向 113 鸟舍抛出的第 n 个、也是当时最大的诱惑。当然，我必须借助上天的神来之手，是她创造了如此醉人的山林和梦幻的水系。

眼下，冬日皑皑的白雪让山林繁华褪尽之后又迎来神秘的肃穆与壮观。你还来不及从宝石蓝孔雀绿的水色迷离中逃出来，就跌入了这神树高耸得让人意欲匍匐跪拜的森林。很冷，雪多得足以让南国而来的人疯狂，但大家又怎么忍心去肆意踩踏那闪着晶莹之光、厚如地毯一般纯粹的洁白？我们前后保持一道纵列，与雪地上斑羚的脚印相伴，与豹猫的爪痕为伍。我们小心谨慎，不敢高声言语，可脚下的"咯吱咯吱"声却早已响彻山谷，惊起海子里原本优哉游哉的普通秋沙鸭"扑啦啦"飞得仓皇失措，惊得大嘴乌鸦不满地大声抗议：这些奇怪的游客，怎么会出现在如此幽秘的森林深处？

按照原定计划，我们是兵分两路的：我和鸟友"金蛋蛋"带着年纪稍大的孩子和几位家长；鸟友陆老大、"天鹅"和菲菲带另一个队，成员年纪小些。因为我和 113 鸟舍的渊源，113 鸟舍的不少孩子本来都认识我，可不知道谁在外面"造谣"说我近年来鸟运很差，跟着我没鸟看云云，于是有些小朋友死命地抱住陆老大的大腿，而我只有默默地摇头——他们

---

① 此处的"放毒"指通过向身边的人展示观鸟、拍鸟的乐趣，劝使别人也成为观鸟、拍鸟爱好者的过程。这是鸟友间的戏称。

冬季九寨沟

还太年轻,哪里懂得就算山鹰我鸟运再不济,也好过陆老大千百倍啊!
"天鹅"有点沮丧,因为她的儿子在陆老大一组,她必须跟着。我只好安
慰她说:"放心吧,看到好鸟我会短信告诉你,让你有个念想,实在不行就
用手机翻拍一张照片发给你解解馋。"

就这样,在"天鹅"幽怨的眼神里,"金蛋蛋"和我带着朱江(很坚定
地选择跟着我的113鸟舍的一位早期成员,如今已经是大学生了)等一帮
人直奔长海!

车刚到落日朗瀑布胎就瘪了,而去长海的车11点半才开。门票在冬
季打折,没想到这服务内容也跟着打折! 无奈决定掉转路线,沿木栈道
步行回犀牛海。

林间只有我们,而普通游客在落日朗拍完照片美美地发完朋友圈
后早就坐车去箭竹海了。这很好,全部森林、溪流、松萝、苔藓、雪地还有
鸟,都是我们的了!

空气没办法更加透明了,溪水也不可能再清澈一些了;松萝是微风
的长发,苔痕倾诉着朝雾的吻是多么的潮润。那些山雀,欢乐的精灵们,
在溪流两岸的灌丛里此起彼伏地歌唱着,用跳康康舞般的节奏露出红
色、黄色、斑纹的小肚皮,将一切都装点得明媚似春。就连浑身咖啡色、

毫不起眼的褐河乌也忍不住了,激动地"刺溜"一下钻出水面,顶起剔透的水珠,散若飞花!

大山雀、红腹山雀、绿背山雀、黑眉长尾山雀、银脸长尾山雀,它们就这样细细碎碎花样百出地在我们眼前飞舞着,令人难以挪开脚步。那些本为九寨沟山水之美而来的家长也跟着我们成了痴、入了迷,又带着歉意在子女们严厉的"呵斥"中硬生生收起惊叹,噤声不语。这"子教三娘"的场景我已经不止一次看见了,忍不住也提醒一下小朋友回忆一下当初他们自己的惊喜之心,因而对父母,我们还是要以"教育"为主嘛!

大家看得开心,我也心底舒坦些,毕竟这趟几十人的九寨沟之行当初是我向陆老大建议的,而真要是鸟影难觅,我也会觉得有些过意不去。至于我自己,本来也就没什么期望:除了分布较窄的红腹山雀算九寨沟一带的特色鸟种,包括那些山雀,以及一路所见的白喉红尾鸲、灰眉岩鹀、鸲岩鹨、灰头灰雀都是高原常见鸟种。我既然都已经来过两次,阳光下似乎真的也再没有什么新鲜事了。

可是忍不住的,依旧像做父母的看着自己的孩子开心,自然而然地也跟着莫名地欣喜。有那么些瞬间,我甚至觉得这些鸟儿的出现带给我的虽不是激动,却一定是一种力量。

九寨沟绝不会亏待我的,我知道!

沿着犀牛海边上的木栈道缓缓地行走,期待着鸟儿像神话故事里忽然出现的白犀牛那样跳到我们眼前。左侧是泛着翡翠之光的湖面,右边是稀疏的山林,阳光偷偷地将林间的积雪藏起很多,树枝上残留的叶子还带着秋的最后一点火热。

红尾水鸲和白喉红尾鸲在水边低匐的枝头间跳跃。它们很靓丽,仿佛一片片顽强的红叶,在隆冬的大地上飞舞,倔强地要给世界增添一份色彩。只是这一路实在是见得多,总让人激不起心底的热情。唯有祈祷,可完全没有"做功课"的我甚至都想不起来该祈求遇见什么。恍惚间想起若干年前在四姑娘山长坪沟骑马,蹚过一条小河,转了个弯,一抬头,除了雪山雄浑,还有就是眼前树枝上忽然出现的几只白斑翅拟蜡嘴雀。当时虽然辨认出来，可人在马上颠簸而行，摇头晃脑的自然也没能看个过瘾。

这边正想着，那边头顶忽然就来了一群鸟儿。逆光看黑乎乎的，不过是蜡嘴雀的造型无疑。来不及感谢鸟神怎会如此知晓我心，望远镜已经锁定它们，顺便脚下轻轻地转移角度。好家伙，有雄有雌！雄鸟黑头黑翅膀之间藏着橙黄色的身子，脖子一伸，也是明艳艳的黄；雌鸟的头和翅膀沾点灰色，身上的黄也要淡一些，就好像养殖场的鸡蛋蛋黄与土鸡蛋蛋黄颜色之间的差别。如此看来，这货必是黄颈拟蜡嘴雀无疑！自然大喜，我的新目击纪录嘛！

俗话说"人逢喜事精神爽"。心底乐开了花，脸上的笑容一下子就融化了冻得有些僵硬的脸。众人也是美哉，虽不敢高声说话，可个个眉梢都早已飞了起来。

队员们又一阵骚动：来了一只赤颈鸫，雄的，胸口好像一大块巧克力！然而，我的注意力很快又回到黄颈拟蜡嘴雀身上。没办法不注意，因为它们已经陆续跳到我面前。可能是知道我们对它们爱慕有加，这些小东西干脆尽情地在枝头大秀特秀，到最后觅食是假，互相亲热起来是真了！我也没什么好想的，一只一只慢慢地看呗。咦，分明有一只不一样，浑身斑斑点点的，这不是白斑翅拟蜡嘴雀的雌鸟么？而旁边那只黑头黑背、翅膀有斑纹的显然是她老公嘛！这下可好，四姑娘山的遗憾彻底没了。心底不由自主地默念："感谢鸟神！感谢鸟神！"

孩子们到底忍不住惊呼了几下，我一抬头，高处的林间飞过一道巨大的黄色鸟影！神啊！猫头鹰！难道是灰林鸮？眼见它身子一挺、翅膀一收，落到一根树干上，但我刚要举起望远镜，它又纵身一跃，振翅飞到山坡背后。心底那个痛啊！我在这里撕心裂肺的同时，旁边同样目击此景的毕老师也肝肠寸断！

不甘心！好不容易看到一只"大猫"，怎么可以就仅仅是惊鸿一瞥？没有更好的办法，只有把所有的沮丧都化成紧盯不舍的眼神在林子里继续搜索。然后，然后真的看到了！还有一只！尚且来不及告诉旁人,它竟然也飞了起来!

这是怎样的哀痛?!此刻,它无声无息地掠过的每一根松枝仿佛都在鞭打我的心!"停!停!停!"祈祷是唯一的选择!鸟神保佑!它在即将飞越山脊前犹豫了一下,然后真的停了!

看着我无声地手舞足蹈和欣喜若狂,大家也都明白了,赶紧单筒望远镜伺候。可它似乎故意要调戏我们,而森林里的枝桠好像重重帘幕,完全没有适合的观察角度,真是要活活把人逼疯的节奏!

在无奈的无意中,我轻轻地往右边跨了一小步,一抬头,30米外,在因为一根枝杈而空出的三角地带,"大猫"完完整整地蹲在那枝杈上,正扭头瞪着我们!不是灰林鸮!黄澄澄的大眼睛,长而平的独特耳羽,浑身浓重的墨点状纵纹,无一不在告诉我它是鸮中的特立独行者——黄腿渔鸮!双筒望远镜已经完全不过瘾,把单筒望远镜抢过来:赞啊,眼前分明浑然是一位头戴斗笠身披蓑衣的江湖大侠!你看它浓眉深锁,双目精光毕现,似乎随时出手便会动地惊天。

这是众多鸟人眼底梦幻一般的黄腿渔鸮啊!我心满意足了,真的!此番九寨沟观鸟只要有了它,其他随便看到什么新东西都已然是赚到了。这等大好事不用来炫耀真对不起我那全国各地众多的鸟友们!微博、微信一个都不能少!果然,手机很快就震得我的手几乎麻掉。包括四川本地的鸟友在内,各种"羡慕妒忌恨"如潮水般涌来——正是我想要的效果!"黄颈拟蜡嘴雀、黄腿渔鸮,今日有此二黄,足矣!"

果真,这一天接下来的时间,我一个新的野外目击鸟种都没有遇到。可这有什么关系呢?!威武与可爱兼备的黄腿渔鸮在我的脑海里始终萦绕挥之不去的幸福感,简直是每走一步都要荡漾出来的啊!当然,我也不会自大到面对冰封的长海美景无动于衷,也不会得意到对汇聚了世间最深邃的祖母绿的五彩池视而不见。在红桦卷起的树皮闪亮如旌旗的丛林间,在大山刚毅的沉默和森林广袤的温婉面前,相机的快门不曾停歇。何况,还有上次来九寨沟未能看个真切的黑额山噪鹛此刻就在眼前闲庭信步,白眉朱雀在地衣间觅食,而橙翅噪鹛更是几乎就要跳上我的肩膀。

　　要说这三种鸟，真是性格迥异：橙翅噪鹛是西南地区非常普遍的鸟类，只要进山，几乎无处不在。初看喜其彩翅之美，再看惊其小白眼之凶，三看、四看之后便完全被它彪悍的性格所震撼——真的是对人无所畏惧啊！观鸟多年，这本是我心中期待的人与鸟的理想状态，可为什么竟然会觉得如此这般难以接受？似乎每次见到它们的时候都是我在退缩，以免撞上。究竟是我叶公好龙，还是它们实在是"二货"？想起台湾地区的玉山噪鹛①，那些可能是橙翅噪鹛最近的亲戚也一样视人如无物，可能真的是基因与众不同吧！

　　白眉朱雀害羞得多，总躲在逆光之处。当它觉察到我们渐渐地靠近，小翅膀"嗖"地一扑，便落到稍远一点的树枝上。它始终保持着相对友好但决不肯亲密无间的距离，好像恪守外交礼节一般。

　　黑额山噪鹛介于两者之间。它并不爱搭理人，总是在勤勤恳恳地追逐着它的食物，但也不会太在意我们对它的围观。与橙翅噪鹛相比，它没有闪着辉光的彩翅，却有着让人觉得温暖的粉嘟嘟的胸脯和黄澄澄的屁股。它的小嘴是一弯月牙黄，小白脸配上黑额头，过眼纹如黛，时尚又略显俗气，大约是那种初次去看时装秀的新贵妇人，不知道该怎样打扮才好。

　　其实，只要道法自然，又怎么学不会装扮自己呢？你看这里如彩绸飘飘的海子，它敞开心怀，让群山汇聚成束衣的腰带；它信手拈来，将那些老树枯桠幻化成头钗；它身躯轻转，裁出一段瀑布织就蕾丝的裙摆。融入，与周遭相得益彰，这便是最好的方式。我又想起黄腿渔鸮，虽然九寨沟的海子里鱼并不算多，却因水至清而容易捕获，它便也一样过得怡然自得。自然各得其所，人又何尝不是如此？

　　晚上回到酒店，大部队会合。陆老大、"天鹅"和菲菲带的小组收获

---

① 笔者在写这篇游记时用《中国鸟类野外手册》（约翰·马敬能、卡伦·菲利普斯和何芬奇著，湖南教育出版社，2000年）给出的中文名"玉山噪鹛"，但这个物种在《中国鸟类分类与分布名录（第三版）》（郑光美主编，科学出版社，2017年）中调整到不同属下并更名为"台湾噪鹛"。

并不多,这让我们小组一再被我强调需要"低调地炫耀"显得颇有"拉仇恨"的意思。那几位铁了心要跟着陆老大的小朋友眼底先后泛出失望、羡慕、怀疑、震惊乃至愤怒的眼神。当然,他们不是对陆老大不满,而是对我们。他们信誓旦旦地说翌日必将打败我们,而且还挺了挺胸,面带骄傲,很得意地说:"我们看到旋木雀和环颈雉了,你们没看到!"我看见陆老大听闻此言后羞愧的表情,更加不忍向孩子们说出真相。只有"天鹅"悄悄地走过来说:"我……我……我真的很想明天跟着你们……"结果被她儿子一声大喝:"老妈,不许叛逃!"乖乖地、无限哀怨地又回去了!

其实不怪他们运气不好,也不是陆老大鸟运真的一如既往地差,实在是迫于九寨沟冬季对木栈道的封闭式管理——冬季巡防人员不够,同时也是为了防火。他们只能沿着公路或者在游人如织的景点观鸟,自然比不了我们在人烟稀少之处的收获。

晚上在房间里,陆老大和我聊起广州中小学观鸟发展的情况。这几年有目共睹的巨大进步带来的除了幸福和收获,责任感的压力、奔波的辛劳、对家人照顾不周的愧疚等也接踵而至。不禁感叹,想放下一切简简单单地去观鸟,对一位心底真正装着自然的人来说,有时候真是一种残忍的奢侈。

这些年在全国各地游走,见到很多鸟人因为观鸟而走向科普和环保之路,并为之心焦力竭;也听闻过努力之后空无结果的那一声无奈叹息:"早知道当初就不观鸟了!"可努力终究不会白费,那一张张年轻的面庞,那些对鸟儿无比执着和喜爱的笑脸,那拍着胸部说要超过我的小朋友们,不正是对我们这些年努力的最佳肯定么?!陆老大,我不能给你以安慰,但我一定会通过看到好鸟来刺激你!哦,打错字了,是激励你!

我们的战略目标是看到更多的好鸟,所以我们的战术是进入森林。考虑到近99%的游客都会先坐游览车到海子边最高的箭竹海(在冬季,箭竹海以上区域不开放),然后慢慢往下行,为了避开游客,我们在五花海下车。果不出所料,此处,只有我们!

时间是第一位的,不允许队员们有丝毫的流连,五花海的景色再美也不行！唯一的机会就是在游人蜂拥之前穿过灌丛进入熊猫海与五花海之间的森林。于是，在高高的山岗上，在密密的树林里，观鸟小分队化整为零，队员猫腰、跳跃，又相互提携，犹如一支体操队。看我们前进的速度，分明是丛林里的急行军；看我们身后走过的路，却连一根荆棘也不曾折断，因为我们深知它们也是自然的一部分，深知这一路所有的障碍，都将是成就我们最终那丰饶收获的骄傲。

终于，眼前是一株株巨柱般的参天大树，树枝上挂满随风飘逸的松萝，地面的积雪上落了薄薄的一层松针。轻轻地踩下去，雪直接没过脚踝。雪地上斑羚、豹猫、血雉的脚印清晰可见，因为在我们到来之前，它们是这山谷里为数不多的健行者。太阳还只在高耸的山尖制造辉煌，山谷里的阴冷让我们手脚都有些僵硬。顶着小辫子的褐冠山雀叽叽喳喳也不知道在说些什么，大约是正在给我们加油鼓劲，否则怎么会一大群从森林深处跳到眼前的松枝上，高低好几排却又喧哗至极，就像看台上的啦啦队员？

不能丢人不是？于是我们用半僵硬的手举起望远镜。哇！黑冠山雀和煤山雀也都来了！只是它们比较偷懒，没给我们加油几秒钟就偷偷地溜号，跑到地上找早餐去了。要不是脸蛋还是白白净净的，黑冠山雀简直像个小煤球，而淡灰色的煤山雀与它比起来就是只白鸟。不过，黑冠山雀闪亮的橘红色小内衣必须点赞。哎呀，看得人家害臊，翅膀一扇，飞了！

太不过瘾了！这么大的森林，我们攻坚克难、踏雪隐踪至此，可不就是为了这些小不点的鸟儿？血雉、高原山鹑、蓝马鸡、红腹角雉都可以有嘛！可真没有！

时间一点点地流逝，但阳光沿着雪山往下爬的速度很慢。众人手脚越发冻了，这才想起都带了吃的，该补充补充热量。可还没有来得及把巧克力塞进嘴里，一只鸟儿"噌"地低空窜过雪地，快速闪进面前空地中的灌丛。这如何能放过？众人立刻形成包抄之势。

那灌丛虽不过六七平方米，可实在太过密集，我们找了半天才发现鸟儿的位置,却根本无法窥其端倪。越是如此,越像猫爪挠心,越是不甘。静静地等,早已忘了雪地里冻得有些疼的脚,就连呼出的白汽也都半晌才喷薄而出。

静,需要绝对的安静。动了,鸟儿动了! 它轻轻地一跳,换了根枝桠,角度稍微好些。有人小声说:"看见了! 看见了!"可其他人并不敢跑过去,继续等,或者极其缓慢地移动,可脚下"咯吱"的踩雪声听得叫人揪心,生怕鸟儿一个惊吓就飞没影了。

大大出乎我们的意料,它不仅没有在我们的动静中闪躲,反而跳到树枝更加稀疏的地方。这是一只胸口、背部、脸颊和脖子都沾满黄绿色的鼠灰色鸟儿。看到嘴之前,我还以为是白斑翅拟蜡嘴雀的雌鸟,但等它扭过头来,满脑袋的纵纹让我意识到它应该是某种朱雀的雌鸟。问题是我连朱雀雄鸟尚且有好几种分不清,何况雌鸟乎?! 这真是个大大的难题。这时众人都指望我,我指望鸟书,可谁都知道野鸟手册的莺雀类是画得最糟糕的一部分,越看越不靠谱! 这又是个大大的难题啊!

"等雄鸟!"我故作冷静。

雄鸟没有等来,因为它本来就在灌丛里!

这也解释了之前雌鸟一直都不肯离开的原因:这么冷的天,两只鸟儿哪怕不能紧紧靠在一起,彼此相近也会心底温暖一些吧! 但见那只雄鸟跟着雌鸟三下两下从密集的灌丛底部跳将出来,哇哦! 这是怎样的惊艳啊:仿佛红绫上绣满梨花,好像红宝石在雪地里打滚。尤其是它颈项上的一圈羽毛,单独看,一根根好比银针闪闪亮;连成片,亮闪闪恰似铠甲

斑翅朱雀雄鸟

流光。

绝对是看过照片的,但名字——? 名字? 名字? 脑海里看过的各种朱雀照片如幻灯片一般飞闪而过,然后定格。对,没错,就是它——斑翅朱雀! 再翻图鉴,虽然脖子上的一圈羽毛被画成黑多白少,与真实版有巨大的差异,但通过斑纹和身体及翅膀色泽的分辨,还是可以肯定就是它。没什么好纠结的了,尽情地欣赏这造物主的杰作吧!

雪枝上的它静立无声,眼底并没有被围观的恐惧,反而有种泪汪汪的感觉,看得我心都软了。我猜不出它是被雌鸟刚才的行为感动得热泪盈眶,还是因为我们对它的痴情而喜极而泣。等我们所有人都心满意足之后它才振翅离去,留下颤巍巍的枝条。抖落的雪条在空中跌成数节,轻轻地落,融入雪原中再无痕迹。

有时候,我需要翻看照片才能记起旅行时的一些细节,这大概就是我老了的标志。既然时间是生命唯一不可战胜的敌人,那索性让时间成为我们成长的伙伴。就像九寨沟的流水,你无需伤逝它的永不停歇,你只需要记住它这一路静洄、奔腾、跌宕所创造出的无与伦比的精彩就好。

终于,阳光从头顶穿过森林,如万道利剑劈开谷底的阴寒,而此时我们已经走出丛林。我们终于可以安逸地躺在五花海畔的温暖阳光中,对着山林与湖水变幻莫测的色调,让原本冻成一坨的手脚都慢慢地化开。五花海水底钙化的古木,让人觉得时间已凝固于此;蓝孔雀般的色泽和变幻,又让光影在这里挣脱时间的桎梏,鲜活得如生命般精彩。

朱江正在上高一,但自从初一时和我们一起观鸟后,他已经是个不折不扣的生物迷。他后来更是拜广州的蝴蝶专家陈老师为师,在很短的时间内,对蝶类的造诣已经远在一般人之上。对于观鸟,不知道从什么时候开始他已经拿上了相机。我时常觉得广州可能是经济条件太好了的缘故,很多人在自然观察的初始阶段便迫不及待地买了长焦镜头。但是,记录自然并非等于认知和感知自然,后者更需要静下心来打开你的五官去接受天地的各种信息,而快门的咔嚓声则做不到这些。我只鼓励在对自然已经有相当程度的感知之后再去做影像记录,因为只有这时候的记录，才可以显现出你的心究竟是停留在自然的哪一个位置：是一朵美丽的花，还是一朵花所绽放的美丽，这两者是完全不同的。

当然，鸟类、蝴蝶等可能稍纵即逝，所以必要的照片记录有利于辨识。然而，若只依赖相机，而不去锻炼眼神和强化记忆，那凭借一眼就可以对绝大多数物种进行分辨的"神眼"就真的永远只是传说了。

朱江的母亲此番也跟着我们一起。在翻山越岭的时候，朱江急匆匆地往前走，我叫住他："别人在扶你的妈妈，你怎么可以心底只想着前面的鸟？"幸好，在随后的时间里，他一直尽可能地和母亲在一起，不会忽然远离。

朱江是个好苗子，但也不得不面临将来高考的压力。他不太喜欢英语，我告诉他："既然你的理想是今后从事与生物研究有关的事业，那么英语是你了解最新的理论知识和与国际交流的基本工具。当然，你也可以满足于仅仅来大自然里走走看看，停留在你现在已经达到的层次上。"朱江很聪明，应该能听得懂我的话，而我也希望他母亲将来也会欣慰。

忽然插进上述这么一段，实在是因为对于113鸟舍的孩子们，我虽远不像陆老大等几位老师那样倾注那么多心血，却一样觉得视如己出，忍不住想"引导"一番。我知道这是心真的老了的表现，可如果老去的价值就在于可以让后辈稍稍走得更加顺畅些，也算是没有白活。而且，更为重要的是，和这群孩子混迹在一起的时候，起码暂时地我会完全忘记自己的年纪，因为在大自然面前，谁又不是一个顽童呢？

言归正传，继续说鸟。

可有时候，鸟事也会被抛到脑后的，比如现在。当我们在珍珠滩的瀑布面前，完全被其磅礴的气势给镇住了；即便是那些已经冻成冰柱的部分，也犹如寒光烟玉，有种夺人魂魄的犀利妖媚。还好，一只据此为家的白顶溪鸲把我们拉回现实——头戴西部少数民族的小白帽子、身着东北披肩式的黑褂子、穿着南方彝族的大红裙子，不消说，既然集"黑道、白道和红道"于一身，它自是神通广大：声如暴雷的瀑布不过是它家的珍珠门帘，任其暴风骤雨，穿梭往来毫发无损！也不知道为啥脑海里飘过一句话:"能力以外都是零!"呵呵!

水雾借着风势将我们逼退。一转身,绿背山雀就在枝头用它春草般的色彩将寒冬变得悦目。在地上跳得起劲的小灰脑袋是褐头雀鹛的,而透过林间的阳光,它们的翅膀闪着霓虹。听到细声的"咩咩"叫,就见那栗臀䴓在杉树的树干上表演倒挂金钩。再转过头去,刚想继续看看瀑布,目光又被一只飞起的白额燕尾牵走了,而顺着它飞过的溪谷望去,一堆乱石之上,水花似雪。

猛地从水里冒出一只河乌,身上的流水如珍珠从乌黑的琉璃盏里滑落——这永远都戴着白围兜的潜水高手,怎么看都觉得是个长不大的娃。看到它,我就想起自己小的时候,也很爱去乡间的溪流中戏耍,还会用一根木头搭在两块石头上,然后枕在脑后顺水躺着,享受溪流的呵护与摩挲。那感觉,即便是回味一下也依然妙不可言。长大之后,我还是不太喜欢去游泳池,而更喜欢去大海中游泳,或许因为前者是锻炼,而后者则是身与心共通的畅游吧。

再往下走都是人头攒动之处,但停车场周边的树林倒是有很多鸟儿的叫声。走进去仔细看,几乎都是橙翅噪鹛,是它们在发出各种细柔的叫声。搞不懂它们为何三番五次地这样调戏我们,明明是体态硕大的噪鹛,叫声却比不及它三分之一大的红腹山雀还要细嫩。忍不住想正告它们:做鸟要有底线,不可为博眼球什么手段都用!

速速去了芦苇海。昨天到这里的时候已经太阳西沉,自然未能见到什么鸟儿,就连原本芦苇丛中那道碧绿的腰带也黯然无色。今天特地来得早些,果真碧水优柔,蜿蜒空行,华彩如妙音鸟飞舞的缎带。普通秋沙鸭、绿头鸭是这里的常客,红掌清波,涟漪微澜。

没有风,安静的芦苇丛却忽然间开始晃动。未几,冒出一只黑水鸡,头顶的小红帽煞是美艳。可芦苇丛还在晃呢!从这一小片晃到那一小片,有个小东西在里面快速地蹿踱。根据经验估计,这一刻不停的"精神头"不是鹪鹩就是白眶鸦雀了。

鹪鹩!朱江看到了,我却有点失望,毕竟看白眶鸦雀才是我带他们到芦苇海的主要目的,因为白眉鸦雀是分布很窄的中国特有种。芦苇海里生长的都是高山芦苇,比我们常见的芦苇个头要低矮得多,也没有那么密集,所以这里视野较为开阔。因此,相对于其他分布区,在芦苇海看见白眉鸦雀的概率应该要高得多。但是,天不遂人愿你又能奈何?

我让大家绕过木栈道去那边继续找找,结果他们却在木栈道这边被一群银脸长尾山雀给吸引得几乎纹丝不动。银脸长尾山雀固然可爱,但良机稍纵即逝,这会影响后面的观鸟大计不是?这帮没有大局观的家伙!唉……

在我的催促下,大家快速往里走,可也没什么特别的收获,只是快走到尽头的时候,众人的脚步声才惊飞几只环颈雉。此地视野空旷,又值阳光温顺,所以这"飞鸡"看得实在过瘾。尤其是雄鸟的华丽和雌鸟的笨拙形成鲜明的对比,仔细回忆一下,场面颇有几分滑稽可笑。

我决定带大家去旁边白雪皑皑的山谷里转转,看能否有点特别的收获,但几位年纪大点的家长和几位落在后面的学生决定先在原地晒晒太阳,遂兵分两路。

这个山谷大约罕有阳光的抚慰,整个九寨沟沿岸唯有此处茫茫如林海雪原。

很冷,加上大嘴乌鸦冷不丁"哇哇"地叫上几声,胆小的孩子悄悄地问我:"该不会有鬼怪出没吧?"我笑了,开句玩笑:"要是有,我就让它们来帮我们找鸟!"

越往里走,越是寂静。联想到早晨我们在没有阳光的森林里也是收获不多(除了斑翅朱雀),我已隐隐地觉得不对劲。手机里收到的短信说在我们分手的地方,他们看到一种奇怪的鸟儿。我让他们描述了一下,结果反馈过来的信息根本没法理解,心想:"算了,留守的几个人观鸟经验并不多,没准又是橙翅噪鹛啥的;再说,等我们赶回去估计也该飞了。"于是继续前行,但还是没有鸟儿,所以我干脆带大家看植物。尽管这里松果遍地、松萝满空,可终究还是有些无聊,几个孩子已经忍不住开始滑雪玩了。

　　手机又响，一看是毕老师打来的。她先有事没和我们在一起，刚刚赶到我们兵分两路的地方。她用压得低低的嗓音说："真的不认识！很大一只，背上都是斑点，眼睛是白的，嘴还有点弯弯的。"我一看手表，这前后隔了15分钟了，那鸟儿竟然还没有走！这分明是等我们回去的节奏嘛！挥挥手，快速回撤。先是一溜烟小跑，在距离目标100米外放慢速度，50米处改为步行，10米处开始蹑手蹑脚……

　　毕老师和几个人都坐在木栈道上，盯着眼前的一片芦苇丛。芦苇和木栈道之间是较为空旷的半干涸沼泽，一株柳树成了她们的掩体。我们各自选好位置，而那两只，不，三只鸟儿好像都不知道我们的到来，依旧在靠近芦苇丛的空地上埋头翻刨食物，半晌才抬头看看四周。

　　我等大气都不敢出。毕老师见我喜笑颜开，连忙问我："是啥？是啥？"我说："不知道，但是：一，我没见过；二，我看过照片，不是白点鹛就是斑背噪鹛。无论是啥，都是一等一的好鸟。"

　　赶紧查图鉴，没错，是斑背噪鹛，中国特有鸟种。赚翻了！如果说画眉的白眉是工笔描出来的，斑背噪鹛的白眉纹就是大写意的；如果说虎斑地鸫身上的斑纹是墨雨乱坠金笺，斑背噪鹛背上就是把乌鲤的鳞片用掐丝珐琅的手法一片片地镶嵌而成。隔着倒伏的芦苇秆和枝条，我们就这样静静地又看了10分钟后，这才想既然这鸟儿呆成这样，我们何不索性大方点，给陆老大那支队伍打个电话，看看他们能否也赶得上这场盛宴。

　　又看了一会儿，等我们离开那片芦苇海、慢慢走到两三百米开外，回头远远地看见陆老大带着几个人在公路上狂奔的身影。祝他们好运吧！此刻我的眼前除了夕阳似火、雪山如金，还有白眶鸦雀一闪而过但绝对清晰可辨的白晃晃的眼睛。

　　后来"天鹅"跟我说，当时她带着儿子还有其他人跟着陆老大，在海拔2 100多米的地方气喘吁吁地狂奔3公里，一路跨越各种障碍，才最终一睹斑背噪鹛的芳容。是时天色已近黑，但不管怎样，还是看到了，所以陆老大的鸟品也没那么差嘛！

　　这只斑背噪鹛大约是他们这一整天唯一的收获了。于是很明显,他们小分队的小朋友们有一部分看上去有心想造反!当然,他们还不敢,也不好意思,而且迫于团队压力也不能说。我也实时"小声地"(但足以让对方听清)教导俺们队伍里的同学们:"虽然'拉仇恨'是我们为了激励他们应该做的义务,但咱为人还是要低调一点,要有些腔调的。说什么'你们没看到我们看到'如此简单攀比之类的话,显得庸俗市井,要改说'对方鸟友,我们只是运气稍微好一点点,你们下次一定会看到更棒的啦'!当然,斑翅朱雀有多美和斑背噪鹛有多乖,再提醒一下第一天的黄腿渔鸮多梦幻,以及黄颈拟蜡嘴雀多活泼等,纯粹是为了与对方鸟友分享一下我们的快乐,还是很有必要再强调一遍的。说的时候呢,眼睛一定要放光,嘴角必须要流露出幸福的微笑,这样激励效果会更好的。"众队员听罢齐呼:"教主千秋万代江山一统!"哈哈!

　　玩笑归玩笑,对于第三天我们能有何收获心中真是一点把握都没有。我们要去的甘海子就在酒店旁边,在夏季是一片四面环山、水草丰茂的湿地,芦花在霞光里摇曳,香蒲对山风颔首,河道逶迤,碧水轻流;冬季则几乎都被冰雪覆盖,苇叶枯瘦,节节草倒伏纠结成厚厚的毯子,沼泽里的水结成厚实的冰块,企图逃逸的气泡敌不过严寒的封堵,化成冰面下一串串绝望的"眼睛",只有几丛香蒲还挺着早已接近干枯的身躯,在猎猎寒风中强作欢颜。能看到什么鸟?我只能寄希望于直觉。自打第一次来九寨沟途经此地,脑海里就一直有个强烈的信号:下车!下车!下车!我想那一定是缪斯[①]的呼唤,因为它尽管声音轻得像叹息,却犹如春天的风拂开桃花那一瞬间,轻柔而坚定。

　　鸟人都起得比太阳早。整个甘海子此刻就像一间巨大的暗色冰窖,令与我们同处其间的司机叫苦不迭。我也冷,尤其是面对眼前这光秃秃、几乎毫无生机的场景。不过很快就有人发现,湿地边一处崖壁之上

---

① 缪斯是希腊神话中主司文学、科学和艺术的九位古老文艺女神的总称,她们都是天神宙斯的女儿。——编辑注

有一只大鵟正蹲在高枝上俯瞰大地。那司机头两日不过是在宾馆睡觉打牌，今天才跟我们一起出门，眼见着新鲜，也忘了冷，直夸猛禽的威武帅气！众人喜上眉梢，开始想象后面定然会有各种好收获，然后等待太阳一点一点地将温暖送进山谷。

今天是所有人都在一起，孩子们一多，满世界的又都是冰雪，还有细小却璀璨如钻石的冰晶缀满枯草，如何能不兴奋热闹？就连撒着欢儿在雪地上打滚也是免不了的！反正一时半会儿也看不见什么鸟儿，我们几位带队老师也随他们折腾，用放肆的追逐与欢乐的笑声在这个原本寂寞的天地里将寒冷驱离。

阳光才是阴冷最强有力的终结者。原本只有远山鎏金一般的雪峰光辉万丈高高在上，或者远山峰峦之巅雪线状若飞龙，现如今整个山谷都已经明媚如春。当阳光洒到身上的那一瞬间，众人不约而同地忽然安静了下来，感受着那隔着衣衫直接渗透进心底的温暖，将原本绷得紧紧

广州 113 中学的同学们在九寨沟甘海子观鸟

的肌肉彻底放松。脚底那些冰晶也幻化出七彩的光芒铺满大地。所有的人，都来与阳光合个影吧！雪山是背景，笑脸是回忆。

鸟儿也有了，这偏偏却是让人头疼的难题：在隔着一道河湾的柳灌丛上空飞舞的两个小不点是褐头山雀还是沼泽山雀？三只在冰河上溜达的究竟是水鹨还是黄腹鹨？后一个问题还算好办，靠近看看胸口的纹路和腿脚的颜色便一清二楚。山雀却在河对岸，结了冰的河面看着挺结实，但用脚试着踩一下，噼里啪啦地冰纹一下子就裂出去老远，吓得我赶紧缩回来。忙着在树干的苔藓间寻觅早餐的山雀是无论如何也不肯停下来让我拍个清楚的，只能用单筒望远镜锁定目标，瞪大眼睛，看上个一遍两遍十遍二十遍。可是，即便我知道褐头山雀和沼泽山雀的区别在翼纹，在那种状态下想看清楚它们根本就是奢望。

"算了吧，"我对自己说。然而，被孩子们一遍又一遍地追问，让我不得不重整旗鼓，无法放弃。简直是自虐啊！终于它们停歇了下来，尽管胖胖的脑袋还在左右晃动，却足足将那带着纹路的翼和背完整地呈现在望远镜的视野里有5秒钟。"褐头山雀！"我揉揉发酸的眼睛如释重负地喊了出来。一抬头，却发现身边的人几乎走得光光的，只剩朱江趴在地上用微距拍冰晶。这帮熊孩子，怎么能问完问题就直接走人了呢？气不过追了过去，大喊着："褐头山雀！褐头山雀！"可能在他们眼里，我一定是疯魔了。

陆老大带着大多数人已经消失不见了，留下的十个人跟着我走进靠近山脚的冷杉林里。在阳光温柔地呵护下，这本是静悄悄的森林焕发出别样的热情。你看，林间的空地上，大火草（俗称大火花）舍弃了夏季奔放鲜艳的花朵，摇身一变成了毛茸茸的五角星；被火烧过的枯枝上，苔藓宣告着生命可以换一种方式继续，细想一下，颇有轮回的禅意；翻开一片卷落在地上的红桦树皮，上面有个小小的"白色贝壳"，那是一只蜘蛛在冬天温暖的家；路边一簇雪白的花，有着雏菊的可爱、雪莲的纯洁，而且一朵朵羞答答地全都低着头——换一种心情去看，这些动植物保暖的方式是那么的可爱。

　　你若说这是牵强附会也没错，可人生乐趣的本质不就是在于你以怎样的眼光去看待这个世界么？我给不了别人昂贵的礼物，就带他们来看这一丛丛飘逸的松萝、一簇簇鹿角状的地衣好了。这些洁净之地才能生长的生命，要我说，比诞生于炼狱般地火之中的钻石更加让人觉得可亲可近。

　　冷杉异常高大，人行走林间会不自觉地抬头仰视，进而生出敬畏之心。想到它们至少都历经了四五百年的沧桑，臂膀上不知道曾经承载过多少风雨，也不知道听过多少次鸟儿的欢歌和虫儿的嘶鸣，再看一眼森林尽头巍峨亿万年的山峰，回首我们留在雪地上的足迹，且不言渺小，亦谈不上艰辛，剩下的真的就是对大自然发自肺腑的臣服了。只是大自然不需要我们臣服，它更像是佛陀般喜欢分享；你肯融入，便是自然的一部分——我们选择躺下来，小草在耳边与风絮语；天空，是高山兀鹫双宿双飞的身影……无需相机，也不用望远镜，我们的目光随着它们硕大的翅膀划过蓝天，绕过崖壁，掠过森林。它们盘旋恒久，无论是逆光时展翅威猛的剪影，还是顺光时犀利可鉴的眼神，无一不让人镌刻在心。群山如抱，白云悠悠，我们都想就这样继续躺着，直到天荒地老。

　　这里也是四川林鸮的家。当然，鉴于这种极其珍稀的鸟儿行踪诡秘的程度，我们无缘相见也是正常。饶是如此，还是忍不住呼唤几声，至少希望它知道我们曾经来拜会过。黑额山噪鹛出现在我们去酒店的路边，依旧是为落叶下的食物无尽痴迷的呆呆的模样；再就是一些小小的山雀，如褐冠山雀、绿背山雀、黑冠山雀，时不时地跳出来，让我们有些倦怠的心小小地惊喜一下。

　　我们也曾徒手爬上雪坡，忍着荆棘的抽打钻进密匝匝的丛林，依旧没有搞清楚究竟是谁的背影时不时地一闪而过。放弃是一种选择，坚持则是另外一种。

　　见时间已然不早，我们晃悠悠地回到路口。对于坐在路口休息的毕老师的母亲告诉我说另一条路里有很多鸟儿的消息，我似乎有点"置若罔闻"。其实我曾经扫了一眼那条路的生境，肯定有鸟，只是当时被路对面一声声奇怪的叫声给吸引了，想先去探个究竟。此举让我后悔不迭！那叫声不过是橙翅噪鹛的又一个玩笑，我却错过了同学们冲过来向我描述的一种"小小的、彩色的、很漂亮"的鸟。瞬间脑子一懵，因为就在刚才，朱江问我今天最期待什么鸟的时候，我还说花彩雀莺！这……这……这难道是老天爷故意给我开了个玩笑？

　　赶紧冲过去再找，但望穿秋水却一无所获。我翻出图鉴，孩子们说不是花彩雀莺就是凤头雀莺。心里那个郁闷哦，因为随便哪一种都是我心中的期待啊！大部队也陆陆续续地回来了，几十双眼睛都在搜寻，可依旧未能找到。带着几丝沮丧和疲惫，我们沿着公路慢慢地走到九道拐的上边缘。看此处地势险要，路上冰雪颇多，便停在一旁的草坡上坐下来，一边等车一边休整、吹牛。桥下有白顶溪鸲在冰窟窿边守株待兔，抬头见高山兀鹫再次莅临，引发众人好一阵赞叹。然后我的电话铃响了，"天鹅"在电话里抑制不住地兴奋："快来，山鹰，那小鸟又来了。"跑吧，还说啥呢？！体育世家出身的陆老大冲得最快，但鉴于刚刚大家还在批斗他鸟运差，我开玩笑说了句："拉住他！"果真有两位小朋友差点就死死抱住他的大腿，大家一阵哄笑。

　　高原空气洁净、景色迤逦，走起来身心愉悦，跑起来却是要人命的。不过三四百米的路程，跑得大腿酸胀、嗓子发干，甚至上气不接下气，但绝不能停下来啊，因为那鸟儿可不等人！

　　路边有两棵相距七八米的松树，中间是几株领春木。总是最先将春风染成绿色的领春木此时还是光秃秃的，却正好是鸟儿完美的秀台。可是那些迷人的小精灵偏偏不肯在此间停歇，只是在两株枝叶繁茂的松树间急速地来回穿梭，而只要一闪进松树，就完全隐匿不见。活生生急煞众人！

　　到底是花彩雀莺还是凤头雀莺我已经不在乎了，先看清楚比什么都要紧，而那些试图拍摄的人也不得不放弃念想。我们一群四十多人，就这样被几只3岁小孩拳头般大小的鸟儿调戏得在两棵树之间做钟摆式移动：好不容易抓住机会看到一眼银白色的头部，再过了许久才看见棕红色的脸颊,费了好些眼神终于被铜蓝色的翅膀给惊艳了一秒钟,又迷惑于为什么别人说看到的背是蓝紫色的。胁部有淡淡的紫色肯定没有错,至于凤冠,有人看见有人没见,七嘴八舌的,也不知道是个体差异还是根本就是花彩雀莺和凤头雀莺混群。尽管煞费周折,大家的脑海里至少还是拼凑出了一幅完整的美丽小鸟的形象。

就我个人而言,看到的是凤头雀莺无疑。我冲过去和"天鹅"紧紧地握手,表示欢庆和感谢。"天鹅"的脸上也绽放出烂漫的光芒,激动无比地说:"终于改鸟运了,就因为某人刚刚离开一小会儿啊!"然后我瞥见一只高山旋木雀像铁片遇到磁石般"啪"地贴到领春木的树干上,赶忙喊"快看"!大家又是一番眉飞色舞。这时候耳边传来一声很小的嘀咕:"唉,我们看到的,他们都看到了!"一回头,果然是陆老大有点神伤的脸。此刻的西边天空,端正地挂着一朵五彩祥云!

回程的车上简直是欢腾了,大家都为今天最后的收获激动不已,陆老大也不例外。

如果不算次日在回成都的路上于厕所外还看到的红隼、一路上数不清的红嘴山鸦、黄嘴的红嘴山鸦(红嘴山鸦亚成体)和稀罕的真正的黄嘴山鸦,或静若处子的棕胸岩鹨、喜欢到处溜达的红眉朱雀、攀高枝的赤颈鸫的话,九寨沟的故事该告一段落了。当时我本还犯愁要如何给这次旅行写一段结尾,"天鹅"还在读小学的儿子就已经把我作为他们口中的"老大",将时下流行的歌曲《爸爸去哪儿》改成《老大去哪儿》,并且在路上就被大伙传唱,还正式被宣布成为113鸟舍的舍歌。当小朋友唱到"你拼命观鸟我白了头发,陪你观鸟看你长大""有一天老大掉光牙,我会带着你去观鸟啦"时,还有什么比这两句歌词更好的文字来作此番九寨沟观鸟之旅的结束语呢?

# 苦行秦岭库峪

只有付出了艰辛，才能看到风景
或许这就是今天苦行的意义吧

从没想过要去秦岭。总觉得山不够高，又没有什么特别到让人看了一眼之后会"哇喔"叫出声来的风景。不过听说我要来西安，我的徒弟"小拜"早早地和西安的鸟友商量好了要进山，我就客随主便——也确实乐意跟着。毕竟，旅途有鸟看总是一件快乐的事情！

头天晚上在古城墙下吃着地道的关中菜，与西安鸟友小聚。严肃、活泼、腼腆、执着，在我眼底一个个性格鲜明的鸟友却彼此相谈甚欢。鸟友间之所以能做到如此，只因飞羽在心，相逢便是知己。西安鸟会正在筹建，人虽不多，热情却正是高涨，一如当年厦门观鸟会的草创期。我代表厦门观鸟会送了一面会旗给他们，希望将来两地鸟友可以经常互相走动走动，也学学那迁徙的候鸟，与天地间守着约定。

第二天一早进了秦岭，便感觉西安的暑热瞬时全散了。我本以为是盘山公路，却原来一直是在谷底来回绕弯。秦岭的山林比不得南方的林相丰富，却也是绿意充盈，偶尔遇见些嶙峋大石裸露在外，甚至滚落在溪谷的，这才让人感受到山之威严。

鸟友冀老师属于"严肃其表，狂野其心"的类型。山路十八弯，他在前面开着越野车转瞬就不见了。我们再次见到他的车时，已经是在进山口村民家的简易停车场里。据说这路边的溪流里就有山溪鲵，因而同行的小朱很激动，却没时间去找，快快地念叨着，不过旋即又兴奋起来，走在队伍的最前头要去找蛇。

除了星鸦拖着白屁股在天上飞，我听听周遭的林子，静悄悄的，似乎也没什么鸟儿可看，索性拍起花草来。不过心底也是提醒着自己不能太靠近草丛，这里毕竟是剧毒的秦岭蝮蛇的老家。

小刘是位爱笑的大美女，我们在贵州宽阔水国家级自然保护区刚刚见过。她看上去大大咧咧，实际上心细如发，而西安这边观鸟的各种组织工作就是她包了。是不是每一个鸟会都得有一位女干将？这次随我来西安的几位厦门鸟友，除了我属于自来熟性格，都带着南方人在陌生人面前普遍有的些微腼腆。山路颇为狭窄，走着走着就成了长长的一条线，前后见不着同伴，小刘就时不时地放慢脚步等着我们，和我们一起看、一起聊。

还有鸟友"亚桥"。他是陕西师范大学鸟类学的研究生，但毕业后没有干本行。这样也好，观鸟成了业余爱好反倒是乐趣更多了。

可惜的是，爬山实在不是我的强项。来西安前刚刚做过腰椎正骨手术，不敢走快，连背包都是"小拜"给背着；再加上总舍不得那些风中以大山为背景、盛开得恣意张扬的凡花野草，我的步伐总赶不上他们，未能深聊。只有每每听见他们发现好东西的呼唤，这才紧着步伐赶过去，还不敢太快——在碎石乱坑的路上，怕摔着。

好东西当然有。我不是说鸟，而是别的。比如眼前的这只蛙，看上去竟然是淡紫色的，体型硕大得很。它此刻正躲在水下的石头缝里，露出半个脑袋，睁着大眼睛，也不知道是否看到我们，反正我们都快贴近水面了它也不游开或者躲得更深些。这蛙"傻愣傻愣"的劲儿，让我想起小时候的一位邻居：他时常会听别人说话听得大眼溜圆，先是一脸茫然，然后忽然间涨红了脸，开始大笑。那位邻居现已娶妻生子，日子过得其乐融融，倒成了老辈人嘴里我该学习的典范。

这蛙叫隆肛蛙，是个肛周凸出的奇葩，但淡紫色不过是水中光线角度等因素所致，而黄褐相间的条纹、背部满是细小的疣粒才是它在阳光下的真面目。之后在众多溪流静潭（叫"水坑"更准确些，都不大）里都与它们有过相逢，还看到它们硕大如婴儿拳头般的蝌蚪，没见识过的我免不了要惊诧一番。只可惜我所期盼的秦岭雨蛙没有遇见，因为相对于雨水丰饶的秦岭南坡，秦岭北坡的生物多样性还是要逊色很多的。

毕竟有溪流，鸟也还是有的，见到了红尾水鸲、褐河乌、白顶溪鸲等。秦岭以北生活着很多回族群众，这几种鸟儿的造型也似乎深受他们衣着习惯的影响：你看，褐河乌像裹着黑纱的年长女性，而白顶溪鸲的"小白帽"则借鉴了回族男子的服饰风格。

常见一点的鸟除了星鸦，就算是白领凤鹛了。藕色和淡褐色系列的鸟类普遍有个特点：如果有红花映衬，照片上的它们就如《红楼梦》里的史湘云那般精灵可人；若是在野外寻常环境见到，隐没在绿色的林间草地，则全都似曹雪芹笔下的李纨一般，勉强算个素净，看着不厌罢了。

天空蓝又净，辽阔得很，路却越来越窄，不到30厘米宽，我们几乎就是在齐腰甚至比肩深的草海里穿行。倒是完全不用担心有蛇，因为四下里全是蒿草。大山在夜间捕获的水汽在蒿草的表面凝结成露，此刻被太阳照射后蒸发，裹着香气扑打着我们的身体，充盈肺腑。我们喜欢，蛇却不爱这种气味，早就躲得远远的，看来小朱找蛇的计划只能放一放了。

也有林子要穿越。林下稀疏，没发现什么印象深刻的，除了忽然见到的一大丛木贼。这种东西我在九寨沟的湿地见过，一节节的好像脱了叶子的细小竹子。我想起小时候玩的游戏"挑花棍"——用细柳枝削出不同的青皮花色，一撒手，任其散落在地，然后一根根地挑出来，但不许触动其他的柳枝，很具挑战性。远看着，这些木贼又好像千万把长枪插在地上，莫不是藏宝人做的标记？否则，为何独独就那一小片生出这许多来？

有没有宝贝都没精力去管了，因为不知不觉走了两个多小时，已经有些乏力。转弯处又是一个溪流汇聚的水坑，同行的小朋友眼尖，指着水里说有怪物！小朱蹲下去一看："这是钩虾，古老的物种，也是水质良

鸟友们行走在秦岭中

好的指标物种！"我循声过去，除了钩虾，石蛾幼虫也在水里幸福地生活着。钩虾个个都是爱游荡的驼背侠，石蛾幼虫则用水底的小碎石做了件铠甲裹在身上，随着水流慢慢晃悠。有它们在，水质差不了。正好渴了，喝吧，果然清甜！

　　似乎那水有魔力，喝了几口，洗了洗脸，擦了擦身子，整个人都清爽起来。鸟友们大步流星地继续往上走，气儿都不喘。

　　手表显示海拔高度已经接近2 000米，周围森林全看不见了，只有碧绿的草和远山——望不尽的远山。云就在头顶上飞，还有红隼，而天蓝到不像话的地步。远处的沟壑历历在目，近处粉色的大火草开得倔强有力，紫色的大蓟也引来蝴蝶翩翩飞舞。山顶还有些锐齿栎林，虽然低矮得很，但如此高的海拔，生长已然不易，岂能苛求？

　　想着登高远眺，也想知道那林间是否藏有飞羽，于是众人发力攀登。只是这山头全然不似我们先前来时的路那般缓和——50°陡坡直上，看着近，爬起来才知道辛苦。加上烈日当空，真正赔进去半条命也。好在我们旅途伊始，精力尚足。

又上了200米的海拔，这才找到一小片树荫。众人坐地而歇，分食分水，苦中有乐。那勇猛的亚桥君，不依不饶还往上爬，想看些妙境，双腿终究还是敌不过酸楚而退下阵来，与我们横七竖八斜靠歪倚在一起，一如2012年在洞庭湖观鸟比赛时，他就站在这次与我同行的鸟友"鹰will"旁边一样，只是那时候大家还不认识而已。其实这一干人刚才还在美景面前疯狂

秦岭蝮蛇

自拍、他拍、偷拍和合拍，转眼就如此这般瘫倒在地，想想也是件旅途乐事。只有付出了艰辛，才能看到风景，或许这就是今天苦行的意义吧。

上苍铁了心要奖励我们！下山的时候，小朱终于如愿以偿地找到一条秦岭蝮蛇，把手机直接凑上去，在最近距离30厘米处一顿猛拍。我胆小，在60厘米开外用长焦镜头拍。咦，今天的镜头怎么不防抖了？只是我万万没想到，身后有若干人等，用望远镜对着这蜷缩在野草半掩的土坑中的小萌物看了一眼，竟然就吓得落荒而逃；然后又忍不住折返过来再看，再度跑开。实在是无语，太失水准了！

肉眼看过去，这条秦岭蝮蛇被周遭的青草映成淡绿色，非常漂亮，开了闪光灯拍了才发现原来是黄褐色的。它个头虽小，体长不足50厘米，身上的纹路却充满了野性之美，再怎么说也是个凶悍的毒物，轻视不得。拍好之后，小朱将周围的植被尽量复原。他说不希望这蛇被一些驴友看见，否则会被直接打死。其实毒蛇咬人一般是万不得已的自卫，在某种程度上人类才是以杀戮为乐的动物，而这分明才是最可怕的。

上山容易下山难。陡坡、湿滑、碎石等一路相伴，然而这些都已经不是问题了——大家想着山下的老农家：核桃树下大圆桌上炖好的辣子土鸡、油泼面……秦岭库峪，我们都是腿不酸咧腰不疼呢！

# 意犹未尽太白山

太白山果然是个西北汉子
宽大、高峻，又着实敦厚

　　我是从贾平凹先生的散文里知道秦岭主峰太白山的，而他的散文在20年前很让我痴迷一阵子。当时我在一所理工科的大学读书，在学校图书馆的地下室偶然看到他的《商州又录》，读到忘记去吃晚饭，直到闭馆时被赶了出来。在回宿舍的路上，我踩着没过小腿的积雪，头顶着几欲掀掉帽子的白毛风，心底却是炸了脑袋一般的秦腔大吼，热血上头——甩开膀子迈大步，放眼望去，风雪不过柳絮。

　　如今早没了少年时的血气方刚。翻翻资料，说太白山登顶要爬五六个小时，想着那么高的海拔定然吃苦，于是早早地告诫徒弟，去看看就好，爬到哪里算哪里，登顶就别安排了。我那行伍出身的徒弟自觉吃嘛嘛香、身体倍儿棒，心底不太甘心，说：

　　"师傅啊，你的行李我帮你背，咱还是爬爬呗？"

　　"别，师傅还想多活几年，走哪算哪！再说了，没看见师傅还带着好几个外强中干的家伙么？"

　　反正就这么勉勉强强地一干人到了太白山下。整座山峰，像尊巨佛端坐在我们眼前。

　　现在的景区都差不多，路修得挺好，不过要坐专门的游览车，半道上遇着好风景也不让停。司机态度很好,宽慰说好看的景点都设有站点,不着急。可凭什么连什么是好看的风景都要被规定好呢? 有人爱看山,有人喜欢水,我看到花花草草、飞鸟蛇虫也一样觉得幸福指数暴增,不可以? 可惜,不会有人有心思听我说这些。

所谓的风景点,确实也有些瀑布溪流穿过碧丛石谷,再循着人工修建的小路石桥亲近一二,亦可说别致。就这样被一次又一次地扔下车来,再拣上去,步履匆忙,虽带着望远镜,也没找见几种鸟儿。

话说回来,大斑啄木鸟可以那么近距离欣赏,紫啸鸫指名亚种和小燕尾出浴图尽现眼底,也知足了。这次来秦岭,因为是北坡,所以压根就没指望什么。虽然那日在库峪连一种能让我兴奋的鸟儿都没看到,但能看到秦岭蝮蛇和隆肛蛙已经觉得是天大的收获了。反正这一路走走停停三个多小时,鸟况是不用提了。至于风景,山尽管端庄,却不够挺拔峻峭;植被葱郁有余,尚不及莽莽;水倒是清澈,只可惜淙淙细流的气势又稍欠几分——全然没有大山的感觉。想着这太白山可是秦岭的主峰,其最高海拔位列中国大陆中东部第一,心底不免有些失望。

山路忽然陡了起来,急弯一个连着一个,车里的游客左右摇摆、高声惊呼。司机想必早已习惯,也不吱声,手里的方向盘来回打得欢快。我看着窗外,视野猛地开阔起来,原先在谷底穿行的狭仄像泡沫一样"砰"地一声没了,身下是一眼望不到头的峡谷,而我们正顺着蛇形的公路在努力地接近天幕。

时不时地,那如仙女一般列阵的山峰迎面而来又转身背去,峰回路转。究竟是仙女在游戏人间,还是我们在恍惚里与她们嬉戏? 总之就那么高耸起来了,完全没有预期,连一声"哇喔"都来不及说,就一头撞在这真正大山的肩膀之上,撞出一个又一个流石阵,满山坡的触目惊心。这倒不是今人大兴土木导致水土流失的罪过,而是大自然冰川时代的造化使然。太白山果然是个西北汉子,宽大、高峻,又着实敦厚。这初次相逢,竟然叫人觉得自己是那米脂的婆姨,遇见了关中大汉,闻得那一声声旷远悲凉又撩骚不歇的信天游之后,心底扑腾扑腾地乱跳。

车终于再也不爬了,因为前方没有了路。住宿的地方是一个大平台,位于一座较低的山峰的山顶。宾馆是用简易的工房改造的,密丛的秦岭杜鹃花环绕四周;听见鸟儿在细细地歌唱,也看见青苔绿茵茵的无限生机。风从平台下深邃无比的山谷向此处直袭而来,太阳躲在主峰的后面,将山的巨大影子投射在苍穹。索道牵走我们的目光,留下一眼望不到头的唏嘘。

我们决定去观鸟。杜鹃林里早已没有了鲜花盛开的璀璨,扭曲倔强的枝条和蜡质的叶子网罗成一个密不透风的世界。若不是依稀有人声传来,我们真的要怀疑自己是否已经走进了密林深处,深到可以触摸秦岭的灵魂。

只看到冕柳莺等少数几种鸟儿在跳跃,这显然不能让我们满意。于是返回,回到游人如织的世界里举头仰望。未几,空中一只接着一只地飞过黑翅膀白屁股的大家伙,“嘎嘎”地叫着。是到了星鸦小聚喝下午茶的时间么?它们披着星光闪耀的玄衣,停在秦岭冷杉上,带着狡黠的眼神瞥视我们。

一只酒红朱雀雄鸟停在冷杉的顶端,它那色泽看一眼人就会醉——它是绿色世界里的一滴葡萄酒,是绚烂的晚霞最后一抹竭尽全力的奔放!一只普通朱雀从脚下方飞过,虽然也红艳,却清淡了几分,如朝霞一片。酒红朱雀雌鸟也来了,浑身皆是褐色,细腻得仿佛是一块千年的古玉,沁满大地的情怀。那些说它不起眼的人,可能是还没有弄懂岁月与大自然的对话吧。

我们没有走向人声鼎沸的索道站,而是走到了山的背面。空寂的道路上只有我们这些鸟人的影子。

鸟并不多。除了认不出来的柳莺和几只灰鹣鸰,只有橙翅噪鹛对人没有丝毫的畏惧。这有着秋日山林一般迷人羽色和白眼狼一样眼睛的鸟儿,给我们带来的不仅仅是一丝慰藉,更多的是人与自然触手可及的感叹。

大山之上,郁郁莽莽。鸟在我们视线范围之外逍遥地歌唱着,而我们只能从偶然飞到头顶的灰头灰雀的鸣叫声中感受发现的快乐。眼前

的这只棕胸岩鹨还是个少年郎，也像
少年那样没有烦恼，一心唱着它喜爱
的歌，不肯停歇。它将我们的脚步拽
过去，又用胸口一抹温暖如夕阳的橙
色定格了众人的眼神，令我们再也不
想挪开脚步。

棕胸岩鹨亚成鸟

　　走到不想走的时候，我们坐在路
边的护栏上。护栏底下是悬崖，对面
是一座独立的山峰，凤头鹰从山谷盘
旋而上。遏制住心底呐喊的欲望，我
真想和它一起去飞！大山是有魔力的，我们全都变得沉默，视线逃不脱
群山的包围，也无法穿越从远山顶部飞泻而下的云瀑——那些我们不可
能去探究的地方。就让目光多停留一会儿吧：从飞机上俯瞰的时候，秦
岭不过是大地肌肤上的一片褶皱；当身处其间，无论是醉倒在它的绵延
柔软之间，还是在它的挺拔巍峨之上豪情满生，我们都像绝不肯离开母
亲的幼童，任心底涌起最深情的依恋！

　　母亲总是会把最好的事物留给孩子，大山对我们同样毫不吝啬。本
以为两种朱雀和灰头灰雀已经是此行收到的最好礼物，却在山路转角之
处，撞见一群正在淡然踱步的雉类。

　　我们决计不敢相信自己的眼睛！这是一种我只在海拔4 000米以上
地区才见过的鸟儿，黑冠微耸，眼如金星，浑身似柳叶带血、碧中嵌赭、赭
中冒红，一对朱足每迈一步都尽显气宇轩昂——血雉，多少观鸟者梦寐
以求的鸟儿，就这样毫无征兆地出现在我们面前。

　　来不及感慨，唯有用望远镜和相机锁定它们的每一个细节：抬足、伸
首、低头、刨土、啄食、呼唤、追随、抖翅……这是一个家庭，父母和孩子之间
紧随有序，那闲庭自若的神态分明在告诉我们，这山林是它们家的后花园。

　　一只星鸦在头顶大叫着掠过。在与它幽深的眼神碰撞的瞬间，我忽
然明白，原来它们是山神的使者——下午在冷杉树上对我们的凝望，不

血雉（AT 摄）

是狡黠的戒备，而是智慧的考量。一定是它报告了我们的诚心，才有这山神的厚重大礼。无法言谢，我们只能向它们逝去的背影再一次行注目礼。

山中夜来早。寒气让我们将所有的衣服都裹在了身上，可是当灯光泯灭之时，银河划破长空，在缀满灿若钻石的群星的天幕下，寒冷算什么？即便明知这天幕遥不可及，我还是张开双臂，用所有的情怀去拥抱它。

一开始我还试图去辨认那些星座的方位，但随着眼睛对黑夜的适应，在越来越明亮的星空下，渐渐地我才明白"确定名字"是多么愚蠢的行为——无数的星星都在那里，我认识或者不认识，都不妨碍它凝结了一段时光，化成一滴水晶，落入我的眼帘。这份来自大自然的感动未必会让人哭泣，却足以让我沉默，因为一旦开悟，所有的语言在造化面前都显得那么无力。

翌日坐索道，看群山在眼前摇摇晃晃、森林在身边忽闪而过，更惊喜地与昨日的血雉一家重逢。缘来，妙不可言！

从索道终点继续往上步行，秦岭冷杉用撩人的翠绿将我们包裹着。步道两边的极北柳莺和领岩鹨在树枝上不停地跳跃，努力寻找阳光来取暖。还有扭旋马先蒿，鲜亮的明黄色，旋转扭曲的花距，一丛丛一簇簇，开满了林间。它们就是阳光的化身，在森林里到处散播着快乐。

这里的海拔不低，但一切并没有想象中的那么艰苦。实际上，因为完全没有要登顶的心理和时间上的双重压力，我们走得很慢。即便偶尔需要停下来喘口气，也可以借机向那些大自然的精灵说声早安，享受着那些单纯的登山客所无法体会到的乐趣。

太白山的顶峰拔仙台据说是姜子牙封神的地方。贾平凹的作品也提到过这里，说沿途砾石遍地，举步维艰。显然，那已经是草线以上的砾石滩了。我很想爬上去，拍点砾石滩上那些貌似不起眼、仔细看却精彩纷呈的小花。这些年，得益于网络的发达，从很多自然达人那里获知砾石滩的野花之美，有点懊悔曾经在西部的大山里错过那么多机会之余，自然也开始暗下决心再也不放过这样的机会。

可惜心有余而力不足，我们只爬到拜仙台。尽管知道自己的脚力尚且可以支撑，不用在这苏东坡祈雨的高台上徘徊不前，但在那凌空的巨石之上，与四野群山静坐相视，我无可救药地陷入了相看两不厌的状态，再也不愿离开。

年轻人总是有更多的期待，所以他们继续去追寻山风扶摇直上的悸动，而我因为悬崖边的石缝里一只高原鼠兔停了下来。它那么小，几乎可以捧在掌心。对着我凑近的手机镜头，正抱着一小段草茎吃得不亦乐乎的它没有丝毫畏惧的眼神，只有萌到令人心软的微笑、鼓嘟嘟的脸颊和令人忍俊不禁的圆滚滚的身体。就在它旁边的一个石缝里，一株不到10厘米高的植物上，一朵淡紫色的花静悄悄地开着，如风铃微微颤抖，背景是青山无数重。

多少人因为其渺小而错过了这朵五脉绿绒蒿？这被无数高原花卉爱好者赞为"女神"的绿绒蒿，只有贴近崖壁不畏高险，必须趴在地面无视泥泞，放低身姿为她奉献一颗无畏的心，放下了一切自以为是的高傲，才能够体会她摄人魂魄的美，美到让人不敢碰触——只要一个不小心，碎了一地的不会是花瓣，而是自己已经脆弱到毫无力气的心。

那一刻，我如"闻天求雨，雷惊乍起"的东坡先生，跪谢山神！

太白山的索道还在继续修，估计未来可以直接到达顶峰[1]。等到那一天我再来好了，再去砾石滩上寻找绽放的花朵，然后在拔仙台的迷雾里随朱雀一起羽化成仙。

在离开太白山的途中，我跳进莲花瀑布下的深潭。秦岭这寒泉刺骨的拥抱，始终让我欲罢不能……

---

[1]　太白山的"天下索道"于2015年8月12日开通运营，上站设在海拔3 511米的"天圆地方"处。——编辑注

# 龙门山断

那是什么？
在经历了那些苦难之后
我们所需要的
也正是对生活重新的微笑
哪怕它简单、肤浅甚至显得有些不合时宜

　　本来只想去四川都江堰周围的河滩随便走一走，看看能否有运气邂逅心仪已久的鹦嘴鹬，可惜岷江的汩汩横流如玉碎翠崩，两岸的油菜花灿若金毯，在如此一派美景之中，那乱石滩上除了被红尾水鸲驱赶得狼狈不堪的白鹡鸰，几乎找不到其他鸟儿的影子，更别提少见的鹦嘴鹬了。既然希望已灭，固守无益，索性面向大山，继续前行。

　　沿途都是初春的讯息，桃花红了又谢，海棠娇媚争艳，梨花初带白雪，可山里依然寒意很重。盘山而上，不时地便要紧紧身上的衣服。手表上的海拔显示过了800米后不久，眼前赫然出现一座大坝，像一位拥有可以践踏一切力量的巨人耸立在我们的面前，这便是紫坪铺水库。

　　水库排水渠两侧的山体上被无数立锥体的钢筋混凝土结构加固，整座山看上去就像一只满身疙瘩的巨型癞蛤蟆。只有当你继续向上，到达大坝顶端，忽略这个丑陋巨人的存在，那一汪深邃如祖母绿般的湖水才会使人稍觉宁静——就连上百只小鸊鷉在湖面上群飞，也似乎搅不起多少波澜。当面对如此浩渺的湖面，伟岸的大山都不得不略显妩媚时，那些普通秋沙鸭又如何能淡定悠然，而不是向那无尽的湖水深处去寻找真正属于它们的清静世界，好继续春天的故事呢？

继续向上。穿过黑漆漆的隧道,盘山公路九曲回肠,植被渐渐丰富,但大山仿佛被剥落了一层皮肤似的,伤痕缕缕,我们这才意识到此处位于地质学上著名的龙门山断裂带,是"5·12大地震"的重灾区。路上很少遇到车辆,我们停停走走,试图寻觅些美丽的鸟儿,但一切都显得那么安静。被泥石流壅塞后又被山流水冲刷出的新河床中,白顶溪鸲成了仅有的会飞的小精灵。乱石滩仿佛是展示它桀骜的舞台,晚礼服般羽毛华贵依然,那白色的额顶宛若这灰暗天空之下的一盏微小又鲜亮的明灯,似乎是在提醒我们,一切,都还有希望。

忽然就听到碎碎密集的鸟鸣——遇到鸟浪了! 赶紧让鸟友"清溪"停车。一群绿背山雀娇艳得就像刚发芽的春叶,随风乱舞,召唤着春天女神姗姗来迟的步履。大山雀和黄腹山雀混迹其中,也是高歌不断,祈祷春风早日吹进这山林深处。

忽然间,我的眼睛被闪了一下。哇! 那是什么? 在阴天的岩壁上的乱藤之间,仿佛在黑暗中炙烧的一小团火焰,金灿灿的火苗跃动不止!又有一团! 还有更多! 这从密匝黝黑的乱藤深处纷纷喷涌而出的火苗啊,仿佛天空都被点亮了! 金胸雀鹛! 虽是第一次谋面,但只要先前见过照片,谁又能忘记这金色的身躯、血红的翅膀,还有那嵌在黑夜一般的头颅两侧永远都闪着清亮的眼睛呢?

我们的"鸟运"终于来了!

龙门山真的是"断"了! 所见之处,河谷已经面目全非,泥石流曾经从山谷倾泻而下,如一张巨大的魔掌,横扫了过往的一切,包括房子。但是,河流重新缔造了这里,它奔腾不歇,而崭新的河床已经蜿蜒而下;虽不宽,但飞流涌动,两边低矮的植被也从乱石的间隙里开始探露出春的细芽。大嘴乌鸦的聒噪终于打破了山谷的沉闷,却又平添了几分哀痛之意。然而,那些山坡上、山脚下残存的灌丛和松林,却成了小鸟们欢乐的天堂。小鸡成群结队,模样儿傻气得有点可爱,跳到人面前也依旧呆呆的,或许是太久没有看到人了吧。棕胸岩鹨一身麻衣,胸口却搭着一块抢眼的橘色大围巾,还特地将眉毛也描成了同样的橘色。不知道它们是否也会像人类那样,悄悄地问一旁的爱侣:"画眉深浅入时无?"

停车吃饭。房子是户主从乱石堆里扒出来的,因此只要有勤劳的双手,幸福总可以重新来过。我们刚坐下,便看到对面的电线上停着一只翘尾巴的伯劳。若不是今天看的鸟儿不够多,手中的望远镜大概都不会举起来。这一看之后才发现这伯劳棕红色的脑袋肥大无比,胸口细纹横布,是牛头伯劳!又一个新的目击鸟种!它差点就被我当成棕背伯劳给忽略了,而这种险些错失的感觉让我心底充满了对上苍的感激。虽然小小的,但已然很快乐。

"清溪"为了拍橙翅噪鹛,差一点让我们的车卡在石头间出不来。后来我说:"既然老天要我们在此停留一下,我们干脆多待一会吧!"于是我们两个就坐在车上,"清溪"拍左边车窗外两只热恋中的大嘴乌鸦,我看右边的林子。我忽然看到一群红嘴蓝鹊磔磔地飞起,地上似乎也有一阵骚动。待到地上的鸟儿飞起来几只后,才发现它们的尾巴周边白斑点点,并不是常见的白颊噪鹛,自然要好好地看看。于是,我让"清溪"别拍那黑不溜秋的乌鸦了,赶紧凑过去,结果正是我不曾见过的白喉噪鹛。十几只白喉噪鹛在林子边缘坍塌的土埂上跳动,而且叽叽喳喳地吵闹不休,不禁让人想起一群各自围着大大的白色饭兜的幼儿园小朋友。

再往前,路突然变得好了起来。我们正庆幸地震和泥石流的损害对深山的影响并不太大的时候,那原本平整的柏油路忽然就断了,护栏的钢板被扭曲成麻花一样;桥也塌了,一旁的人工新填出来的路坑坑洼洼的,远非我们的轿车可以跨越。我们于是停车,面对着被泥石流彻底粉碎的前方,不知该从何感慨。泥石流深深地嵌在山谷,谷底的大石下一些折断的大树干依稀可见。"清溪"说他难以想象如果当时他正开车路过这里,会是怎样的一种心路历程。

当人类知道自己的渺小之后,再去看这个世界,眼光里便可以容纳下更多"不起眼"的东西。于是,这乱石间飞过的一个小黑影怎么可能被我们错过呢?遍地硕大的巨石成了我们最好的掩体,躲在后面慢慢地伸出头去——在那激流中间的山石上,套着粉色丝袜,穿着黑白分明的

小燕尾（林子大了 摄）

燕尾服的不是小燕尾又是什么?！多少次羡慕鸟友们在幽美的山涧拍到它们可爱的身影，自己却无缘目睹，没想到在这近乎死寂一般的灾后之地，它若精灵般出现了。欢快的歌声、翘动不已的尾巴，小燕尾昭示着生命的旺盛之美，也将我们心底的愁绪驱散。再抬头看那云锁雾绕的重重大山，除了敬畏与恐惧，此时此刻，更多了深深的赞叹。

深山里也有一户人家，老夫妻俩正在搭建房子。我喜欢他家周围绿油油的菜地，还有那只爱叫唤的黄狗。这里爬满四处的苔藓笼罩着湿气，却也带着生机。

正掉头折回，一群藏酋猴忽然从山坡上冲下来，惹出巨大的动静，吓了我们一跳。它们肥肥地很可爱，也并不畏人，甚至期待着给它们一些食物，但看到我们两手空空，便露出一副遗憾又兼着几分无奈的表情转身离开了。虽然这些藏酋猴都是野生的，但之前此地本是景区，不少游人会喂食，藏酋猴乞食已经成了习惯。可现如今游人几乎断绝，猴子们似乎还未完全适应这种变化。正所谓"由俭入奢易，由奢入俭难"，动物也不例外。也正因为基于类似的观察，观鸟多年，我时常会不由自主地反问自己：想要的那么多，真的有必要么？

又回到紫坪铺水库边。那里刚刚建好一座类似羌族碉楼的建筑，门前是一组解放军抬着伤员爬过泥石流的雕塑，这是根据"5·12大地震"救灾的一幅现场摄影画面制作的。不少人围着看，也有很多人爬上雕塑照相，笑眯眯的，很开心。一开始我觉得有些不妥，但旋即一想，在经历了那些苦难之后，我们所需要的，也正是对生活重新的微笑；哪怕它简单、肤浅甚至显得有些不合时宜，因为曾经有那么一刻，所有的痛苦都已经深深钻透了心灵。

想明白了这一点，那就为生活中的小惊喜欢呼吧！你看那一株结满了青果的大树，仔细看竟然有满树的领雀嘴鹎。还有这眼皮底下呼呼飞来，在灌丛里跳跃不停的棕头鸦雀中，竟然还混着不少看上去很像，但喉咙却是灰色、头顶更加艳丽的灰喉鸦雀。真得感谢"清溪"的提醒，否则这此行第四个目击新种肯定又被我错过了。还有不怕人的橙翅噪鹛和白颊噪鹛，都是西南地区的常见鸟种，其中一种常出现在山里，另一种在城市里很活跃。此前觉得它们都多到让人嫌烦，但在此时此刻，它们又都显得那么可爱活泼，甚至靓丽有加。

这是一次很奇特的观鸟体验。阴沉沉的天空、灾后罹难的场景很容易让心情变得灰暗沉重，却又每每被这些那些鸟儿的出现给点亮。当然，我也明白，真正能点亮心情的，其实是我们自己。

# 玉龙雪山的隐秘世界

它的美或许已经被商业化敲打得支离破碎
但在它的灵魂深处
依然保藏着众多精妙绝伦的细节
在等待一双善于发现的眼睛


平心而论，第一眼看到玉龙雪山还是很让人震撼的——她独自端坐在丽江市的香格里拉大道尽头，崖似铁扇，峰如宝剑，刚毅冷峻，卓然不凡。群山并不敢向它聚拢，全都散在周围，为它礼让，一派臣服的姿态。只有白云可以凭借自己的妖娆在它面前尽情地放肆，甚至时常蒙住它的双眼，在它耳边呢喃。

可也正是因为如此，玉龙雪山是孤独的，不像当年我在甘孜州大黑石山上远眺雪山群峰的场景：那是蓝天下的大地胸口上一串无比绚烂辉煌的珍珠项链，每一粒珍珠都闪亮夺目，让人痴迷；贡嘎山和雅拉雪山这两位"带头"大哥，在它们那些同样精彩的兄弟们的拥簇下，散发出几可亲近的威慈并重的父爱。记忆中的我，当时在龙胆花遍开的高山莽原上因为注目远眺而失神很久，一匹狼、一只兔子都未能让我缓过劲来。

此刻，我真真切切地站到了玉龙雪山脚下。冰川尽管所剩无几但也历历在目，我却觉得自己不过是个无聊的游人。玉龙雪山像是一座敞开了大门的世俗庙宇，等我乘了索道，一溜烟轻快地将雪山置于自己的脚下，果然，连征服的快感都不曾体会。

只是，对一座北半球最南端，也是最容易到达的雪山，若太挑剔就是你的错。这里有冷翡翠一般的云杉林、开阔的金色高山草甸、调色盘一样的山谷秋色，还有梦幻蓝的河谷（尽管那是人工的），当然，更少不了各个角度都在彰显陡峻伟岸的山峰和所剩不多却依然晶莹剔透的冰雪。想要一下子就审美疲劳起来，还真是有一点难度。何况，我还可以观鸟。这不，大嘴乌鸦已经开始叫唤了！

自从昨天在丽江市束河古镇跟着我不走寻常路之后，在旅舍里认识的妹子铁了心要跟我走。于是，我带着她在森林里看松萝的飘逸和苔藓的细腻，俯身下来研究一朵小花的世界为什么竟然如此精巧。"生命，其实就是个态度。"我说。

妹子像个孩子，当我告诉她那开得满树红彤彤的不是桃花，也不是樱花，而是一种粉红色的果实挂满枝头的时候，她赌咒地表示不可能，那分明就是开花的树嘛！我递给她望远镜后，她几乎要跳起来，嘴里止不住地惊叹。不久，就听到身边的导游在向游客介绍这深山之处的"桃花"开得好美，我们忍不住相视一笑，窃窃地乐。不过，只要这丛林间令人眼前一亮的红能让众人感受到了自然之美，此时此景，真实与否其实也没那么重要。

褐冠山雀是我最喜欢的山雀之一。身着朽叶色的腹羽和鼠灰色的背羽的它们，没有特别靓丽的外表，却有着可爱的发型——高高翘起的发冠，既不像红耳鹎那样挺直，也不像凤头鹀那般甩在脑袋后面，而是反转过来像一个会颤动的月牙儿。褐冠山雀就顶着这个小月亮在森林里四处流浪，偶尔还露出象牙白的项圈。看着它们，就像在看一群快乐的顽童，忍不住地喜欢。

栗臀䴓叫起来"喵喵"的，像猫一样。云杉很高大，但在这些喜欢倒挂在上面、有着尖细长喙和栗色屁股的

栗臀䴓（林子大了 摄）

小鸟的世界里，肯定是没有"恐高症"三个字的。在东部难得一见的它们，在此地多到数不过来。当然，并不是数量真的太多，盖因它们实在是太活泼，喜欢在不同树干之间跳跃，而只能干瞪眼的我最后估了个数量，草草记录完事。

鹪鹩的出现让妹子吓了一跳，她说："老鼠！好小的老鼠！就在那里！"那里是一小丛灌木，我已经听到鹪鹩的声音了，正想着该怎样告诉她那其实是一种很可爱的小鸟，它就自己跳了出来——穿着一身20世纪30年代时髦的黑褐碎格子西装，尾巴撅到天上去地得意洋洋。

"看，你的小老鼠，会唱歌的小老鼠。"此后一路，鹪鹩三五不时[①]地出来给我们展示一段歌喉，或者走个秀。在大山里专心看这些小小的萌物，妹子感叹道："换一个视野，多了N种收获！"

旁人步行10分钟的云杉坪木栈道，我们花了大约3个小时才走完。当然，其中很多时间花在拍照和"臭美"上了，毕竟无论从哪个角度来说，玉龙雪山都是上好的背景。

我想我还是应该赞美一下玉龙雪山，因为所有的这一切都是她孕育出来的。她的美或许已经被商业化雕琢过度，甚至敲打得支离破碎，但在她的灵魂深处，依然保藏着众多精妙绝伦的细节在等待你，等待一双善于发现的眼睛。

我告诉妹子："当你今后看到这些照片的时候，想一下这照片中森林里的'隐秘'世界。那就是你的秘密花园，是你独享的幸福。"

---

① "三五不时"为闽南方言，意思是"经常、时不时"。——编辑注

# 高黎贡山百花岭温泉观鸟记

森林之下,琉璃蓝的一方池水之上

氤氲的水汽如幻动的云彩

将自己全身心地投入其间

既做了这水中仙,又好似那云中子

当我们抵达云南省保山市隆阳区鱼塘村时,村里的人跟我说,泡百花岭温泉的最佳方式应该是这样的:傍晚抵达温泉,泡到星空满天。"身在汤河,心在银河"——想想都有点激动。可百花岭温泉虽然好,却并非轻易可以到达,需要下探到200米深的谷底;路径窄小,谈不上危险,但绝非坦途。如此甚好,否则哪里还抵挡得住汹涌如潮的游人,留得下这一方幽绝之所。

因为时差的关系,下午两点钟才是这里的正午。高原上最赤裸裸逞强霸道的,就数这时候头顶火辣辣的阳光。鸟儿们此刻大多躲在树荫下,巨大的光线反差让它们在我们的眼底都变得黑乎乎的。可即便如此,并不能阻止我们心中正不断翻升的兴奋。如果说之前在昆明的观鸟是热身,那么在楚雄紫溪山的观鸟也不过是练手,都只为这百花岭——此次观鸟旅行真正的开始地点——准备的。也唯有在此地,当举起手里的望远镜的时候,心底竟然涌动出一种仪式感。这滇西百花岭,中国乃至世界的观鸟圣地之一,在开始观鸟十年之后,我终于来了!

百花岭温泉上方的停车场是一块略微平整的土地,每天拍鸟、观鸟或泡温泉的人在此相逢一笑,客气地问候一声:"来了?"回报以一颔首:"来了!"然后便无需多言,在这山水花鸟的世界里寻找各自的心灵慰藉。

大仙鹟蓝得无比深沉。

大仙鹟终于飞到了阳光底下!眼前是即将迈入黑暗之前的天空,那是一种深邃到宛若黑洞的蓝——足以令你的眼神全部埋葬其中,无法自拔。它自然是得意的,飞羽闪出火焰舔过刀锋时那般锐利的亮蓝色。

能将我们目光从大仙鹟身上吸引开的只能是黄腹扇尾鹟了。这并不是因为它拥有一身如阳光般明媚的柠檬黄,而是那一刻也不曾停歇下来的个性,才让它真正成为下一个主角——越是看不清,就越想看清!它距离我们并不远,但在飞翔的时候翅膀扇动快如风扇,落到枝干上立刻左右摇摆分秒不止,散开的尾巴如淑女手中遮住嘴角嫣然一笑的纸扇,而性格却神经兮兮的好像一位被害妄想症患者。还有个头粗壮的蓝喉拟啄木鸟,色彩艳丽,活生生就像乡村大戏里的媒婆脸。这些蓝喉拟啄木鸟身披翠生生的大袄子、红彤彤的头帕子,还有蓝莹莹的围脖子,三五结队,又各自保持距离,似乎同行竞争、心有芥蒂。"媒婆子"叫声嘹亮,从东村口到西村头,全都知道它们来了。

我们没有直接下到温泉谷,而是选择了一条更艰辛也更遥远的山路,因为在这条路的最深处,是雷鸣的召唤,更有激流跌宕后化身而成的百尺长龙——只有靠近这瀑布的雄浑,才能感受到自己内心的战栗。我们本就是自然的朝拜者,如何能错过?千钧大水就这样一股脑地摔打在巨大的岩石上,粉身碎骨,然后如火花四溅般飞奔而出,向我们直扑过来。也不知道这瀑布之水究竟是不是那有千万年历史的冰川融化而成的,众人在丛林里赶路时挥汗如雨的闷热难耐,瞬间被吹得杳无踪影,取而代之的

黄腹扇尾鹟(林子大了 摄)

竟是刺骨的严寒。我们急急地拍了此行最狼狈的一张合影，然后哆嗦着向温泉进发。

温暖啊！森林之下，琉璃蓝的一方池水之上，氤氲的水汽如幻动的云彩。将自己全身心地投入其间，既做了这水中仙，又好似那云中子，何乐而不为？刚才那股寒气和小腿肌肉的酸痛早已一并散尽，如今每个毛孔里都透着温暖的气息，仿佛沐浴在和煦的春风里，温暖在阳光的照耀下。渐渐地，豆大的汗滴从头顶上渗落下来，脸也越发地红润，这才有些舍不得地慢慢爬上岸来，却发现两腿早已泡得软而无力，几乎再也走不动路了。

不过，只要前方有鸟，就没什么能挡住鸟人前行的步伐。只是在前行之前，那在温泉旁的树冠上跳来跳去的好像不只是神经质的黄腹扇尾鹟、盲流一般结伙乱窜的红胁绣眼鸟和灰腹绣眼鸟，以及一直在出演"归去来兮辞"的方尾鹟。要说外貌，它们都是娇黄嫩绿派的杰出代表没错，可在眼前树枝间来回蹿踱的，似乎另有一位玲珑俏佳人。

令人无法忽视的大眼睛，黄绿色的身体，额头和喉咙上各攒聚的一簇面积不大却很抢眼的橙栗色，以及黄栗交界处的鲜亮的鸭蛋红——栗额鹀鹛与前面四位一样，有着使不完的劲头。不过，栗额鹀鹛的那份活泼恰到好处——是灵动——多一分便是黄腹扇尾鹟那样令人头疼的神经质，少一分则又如方尾鹟这般显得有些呆气。还有紫啸鸫西南亚种、白顶溪鸲、灰背燕尾这些热爱溪流远超人类的精灵，在面对瀑布冲击而下的刺骨溪流和数米之隔相依相偎的温泉之间，似乎有些不知道该如何取舍了：一会儿飞这里，一会儿跳那边；似乎放不下这头，显然也舍不得那处。哎，难道它们都是爱纠结的"天秤座"么？

人生何尝不纠结？观鸟本身已经占据了我绝大部分业余时光，兴趣、朋友圈也都日渐围绕着这个主题。并非其他的领域我不爱，无奈人生苦短，日出日落一个循环只有24个小时。"贪、嗔、痴"中，"贪"是佛家指出的人生最容易触犯的第一朵"恶之花"。"舍得舍得"，有舍才有得！尽管无数的选择让成长变成了一出充满各种困惑的连续剧，你也决计不愿意回到一切都无从选择的人生当中去,因为只有在一次又一次无论是失败还是成功的选择当中,你才是你,才渐渐学会成为一个真正的主体,一个可以在墓志铭上写上"这一生我活过"的你。所有这些,正像眼前在自然界里尽情歌唱的鸟儿,是对自由的终极渴望。

我们没有在温泉等到银河升起。与那远在太空的缥缈之美相比,对于我们这些初次到百花岭的鸟人来说,抓紧时间,将余晖里归巢的飞羽看个真切,有着更大的吸引力。

上坡的路并没有想象中的那么艰难,可想看清在被寄生植物包裹的树冠层里的那些鸟儿实在太难了。有了手里新买的望远镜,高不是问题,光线不够好也不是问题,遮挡才是最让人焦心的。那里显然有两只鸟,似乎是新婚夫妇,正在一起筑巢。可是它们仅仅在偶尔几分之一秒的时间里,从叶缝枝隙间露出小半个身体,让对西南山地鸟种并不熟悉的我们情何以堪?

别无选择,分而看之:半个脑袋、一个翅膀、一条尾巴、胸口一点点……,就这样一点一点地,用耐心的黏合剂在脑海里勾勒出它们的形象。毕竟,在"盲人摸象"的故事中,如果加上相互交流的后续,结局就会大不一样,甚至变成合作探索世界的典范。不是么?

条纹噪鹛!这种不甘与红尾噪鹛、蓝翅噪鹛那般轻易接受人类引诱和投喂的鸟儿,对丛林里那些人工设置的"鸟坑"熟视无睹,而是在高高的树冠上享受着自己打造的幸福生活。它们并非不美:白色的羽轴从眼后顺到翅尖,仿佛是雨丝在深胡桃色的羽毛上画出一幅枯木逢春的美图,而高耸的发冠显得有些桀骜不驯。

我喜欢这样的鸟儿。即便我不能看清它们的整体,仍然觉得这才是它们本来的生活模样。在电视转播里,

红尾噪鹛

时装秀台上的超级模特很美,可远不如在街头转角处,一位平常生活中的美女迎面走来时带给你那种心情瞬间荡漾了一下的愉悦。后者无非占据了"真实"二字。

当然,我们也无法免俗。路过那些对着5米开外的一个人工水坑、用伪装网搭盖的摄影棚,我们也会走进去看一眼。长尾地鸫静悄悄地从水坑前路过,然后在不远处停下来,雕塑一般;金色林鸲过来看了一眼便走,好像是应了谁天大的面子,专门来为我们秀一下以敷衍了事而已。至于其他的"坑鸟"①,不提也罢,因为仅仅三两次之后,众人便一致同意:当所有来此的鸟儿都是狂吃面包虫,动作神态几乎完全雷同的时候,观鸟的乐趣已然味同嚼蜡。

我倒是不反对适度的诱或喂。观鸟、拍鸟的人群络绎到来,让这个深山里的村庄经济得到根本的改善,村民很快明白了这里的鸟儿才是他们可持续财富的源泉,之前偷伐原始林、改种核桃树的行为于是自发停止了。但是,从一位自然观察者的角度,我更期待看到原始状态下的"万物生"。或许代价要稍微大一些,困难程度要高一些,但当最后条纹噪鹛忽然从树冠丛中跳出来展现全身的时候,那种判断被验证的得意,那种"寻她千百度,却在灯火阑珊处"的极度喜悦,足以弥补这一切。

在回温泉停车场的路上,有一片不知名的野花开得艳如绯云。一只黑乎乎的小鸟在这花的世界里流连忘返,那是黑胸太阳鸟。不知道是否当初造物主在不小心打翻了黑、红、蓝的三色墨水的时候,它刚好经过,被从上到下依次浇了个透。我和鸟友"大侠"因为脚力不足而走得慢,不想却有如此上好的收获,自然有些兴奋难耐。可惜山里信号不好,无法将前面的鸟友喊回来分享。

天色已渐昏,等我俩"爬"回停车场的时候,他们正在那里看一群古铜色卷尾和灰卷尾绕着众人的头顶"鏖战"。这场面也颇为激动人心,众人的目光随着那些卷尾在疏朗的树干间不断变化。忽然,史杰喊了一

---

① "坑鸟"指因人工引诱,而非在自然状态下看到的野生鸟类。

声:"领鸺鹠!"它像一枚萌萌的小松果立在枝头,一点儿也不惹人注意。我们这才渐渐意识到,那些卷尾如此激动,它才是真正的原因。

　　横断山脉本属干热河谷,充沛的水系高度依赖山顶的云雾森林捕捉到的水汽,然后落下成溪、聚潭、为瀑,终成滔滔奔涌的大河。虽然时值冬季,此处海拔高度更是接近3 000米,但是山谷里南向而来的风却带有说不出的暖意,这也解释了为何这处深山里冬季可以繁花盛开。花蜜是众多鸟类最佳食物来源之一,而百花岭的鸟儿数量之高、密度之大在国内首屈一指,皆因这独特而适宜的自然条件所致。

　　吃饱喝足的卷尾本该抓紧时间去繁衍后代,为什么要如此浪费精力呢?答案都在领鸺鹠身上!别看领鸺鹠个头不大,却是地地道道的猛禽,干出猎食别的雏鸟这种"恶贯满盈"之事实属家常便饭。卷尾都是暴烈脾气,连体型硕大的其他猛禽也要避让三分,怎容得领鸺鹠在家门口撒野?它们对领鸺鹠火力全开,集中攻击。果然没几下,那"小松果"就被驱赶得生出了一对翅膀,略显狼狈地消失在密林深处。

　　太阳已消失,却将余晖埋进云朵的内心继续燃烧。那如此炙热的爱,连天空都羞成了玫红色。然而,我们对百花岭的爱,才刚开始……

# 惊喜二平台

鹛是最快乐的歌者

就像吉普赛人

它们的世界里没有"矫情"二字

有的是用不完的"尽情"

别后才觉相思长。

二平台,地处高黎贡山国家级自然保护区百花岭外围的半山腰上。它虽然被称为"平台",却是一处约30平方米的缓坡。我们差点错过这个地方,因为在这个小平台下方还有一条窄窄的小路。

小路窄到几乎放不下脚,前去拍摄的鸟友们甚至需要雇一位挑夫,以免沉重又昂贵的摄影器材出现意外。可众人全都一个劲儿地继续往里走,因为百花岭村的村民在路边挂了两块瓦楞纸做的牌子,上面分别歪歪斜斜地写有几个毛笔字,一块上书"前方××号坑,三种地莺",另一块写着"拍小红鸟,往前"。

三种"地莺"分别是金冠地莺、栗头地莺[①]和灰腹地莺。我曾在春天的迁徙季节见过栗头地莺,而这小东西至今仍然位列我所见过的鸟种萌物排行榜前三名。地莺虽然活泼却素来胆小,并不会给我太多仔细观察的机会。它们总是飞快地躲闪回灌丛或者草丛的底部,只留下眼巴巴的

---

① 《中国鸟类野外手册》(约翰·马敬能、卡伦·菲利普斯和何芬奇著,湖南教育出版社,2000年)中的栗头地莺,在最新的《中国鸟类分类与分布名录》(郑光美主编,科学出版社,2017年)中从地莺属改到树莺属下,故名"栗头树莺"。

我，对着因它们不停碰触而颤动的枝叶叹息。这样的鸟儿想见一种都不易，一次可以见到三种，自然是相当的诱惑。

至于另一块牌子上写的"小红鸟"，并非风靡全球的手机游戏里那只"愤怒的小鸟"——北美的主红雀，而是沿着喜马拉雅山脉和横断山脉分布的另一种浑身艳如血色的鸟儿——血雀。主红雀在北美洲很常见，但血雀的数量即使是在分布地也没多少。不知道有多少人为了一睹血雀的风采，在世界之巅的崇山峻岭里寻寻觅觅，却只能望眼欲穿。此处有血雀，诱惑指数早已爆表，区区窄窄松松的小土路算什么拦路虎？

不过来此之前，未做观鸟功课的我并不知道此处有这些鸟，心底想的是另一种会让人眼底一亮的鸟儿——朱鹂。曾在烟雨朦胧如诗如画的广西阳朔遇龙河第一次见到黑枕黄鹂，后来又在云南腾冲来凤山这个中日曾经血战的地方见到细嘴黄鹂，它们都有着夺目的明黄色羽毛，只不过因为我第一次见到它们的环境不同，所以一种化作心底娇媚的金色乐符，另一种则是脑海里愤怒的光明使者。

朱鹂与它们都不同，其雄鸟的"红与黑"和大"白眼"，皆是难以名状的怪异。我第一次见到它的照片立刻想到一个人，一个中国历史上最会翻白眼的人——"八大山人"朱耷[①]。他是明王室的后人，却不得不活在清代；他的笔下无论是鸟还是鱼，都翻着白眼，轻蔑着一切，免不了，悲哀着一切。好在我并非朱耷，至少，作为一个乐观的悲观主义者，我总觉得世界固然需要朱鹂式的嘲弄，却更需要黄鹂般的温暖。山坳中一株高大的乔木上，朱鹂，如同拒绝向寒风投降的最后一片落叶，继续翻着白眼。我与它，相逢，一笑，然后别离，不再带有一丝丝的挂念。

沿着算不得路的路，一脚高一脚低，时不时脚下的石块还滑坡，但密林是一道防线，只要注意不崴脚，并不会有太大的危险。林间有飞绕不休的金眶鹟莺，它那么活泼，也不知道究竟是谁有这样的本事，可以逮住

---

① 朱耷（1626—1705），明太祖朱元璋第十七子朱权的九世孙，明亡后出家，明末清初画家，号"八大山人"等。——编辑注

这个金色的小家伙,然后画上柳叶般的眉毛,还有闪闪发亮的金色眼圈。反正我们在看清楚之前,差不多都已经被它绕晕了。松软的泥土滑溜,让人的脚也跟着发软。

当时还来了很多鹛,但时间长了,记忆已经模糊,似乎忘记究竟有哪些种类,只清晰地记得山谷里因为它们的到来变成了欢乐的舞池。在这里,鹛是最快乐的歌者,就像吉普赛人,它们的世界里没有"矫情"二字,有的是用不完的"尽情"。一年四季,它们每一天都在快乐地歌唱。没有傲人的容貌又如何?不是众人关注的焦点又怎样?它们才是最潇洒自在的。我最终还是记起了它们的名字,纵纹绿鹛、黄绿鹛、凤头雀嘴鹛,等等。或许,模糊的并不是对它们的记忆,而是久居俗世的我,面对那么多简单的快乐奔涌来袭,已经愚钝到不知道该怎么去面对的缘故了吧!

伪装网前面的小水坑里,跳过来一只金冠地莺和一只栗头地莺。等了5分钟,还是没看到灰腹地莺。因为始终觉得坑鸟看起来不过瘾,就没有继续守。后来看到鸟友拍回来的照片才明白,另一种是鹪鹩,只因也没尾巴,村民便误以为那也是地莺了。

至于血雀,就在山谷中间的大树上。雄鸟赤艳如血,雌鸟则是浑身布满暗纹的赭黄色。有意思的是,血雀的雌鸟和雄鸟平时各自成群,彼此"井水不犯河水",一副不到繁殖季节就"老死不相往来"的架势。这算是网络上的调侃语"性别不同怎么谈恋爱"的鸟界佐证么?崖壁上有瀑布,血雀会飞过去,站在崖壁上享受着山泉的沐浴,令一路走来早已灰头土脸的我们很是妒忌。

被人妒忌其实有时候会感觉蛮爽的,因为至少你有让别人觉得妒忌的地方,不是么?所以我打算说说我们错

黄绿鹛

过二平台之后，又误打误撞上了二平台的经过。

看腻了血雀的"基友"[1]派对，对着朱鹏将白眼又翻了回去后，我们默默地往回走。可是，忍不住还是要回头，要再看看身后的天空，原因你懂的。一只凤头鹰出现在头顶，但林子里始终有树枝遮挡。为了寻找一个更佳的视角，众人发现旁边有个缓坡可以爬上去。仅仅爬了几十步，整座大山便如屏风矗立眼前，一切豁然开朗。

那只凤头鹰已经不知所终，可沿着山脊的天空望去，高高在上盘旋着好几只猛禽——高山兀鹫、林雕、喜山鵟，还有奇迹般出现的秃鹫。有什么比这样的发现更令人惊喜呢？我们这才意识到脚下的这一小片缓坡便是著名的二平台，它果然是观赏猛禽的绝佳之处。

缘分天注定，该来的总会来，该走的也会走。来了，相逢一笑，四目相对，且把酒言欢；走了，衣袖挥洒，不带走一丝云彩。因为，相思情长，早已在心底扎根滋长。

_____

① "基友"原本指关系比正常交往更加亲密的男性，此处指血雀的雄性群体成员。

# 热闹的旧街子

他用那个小小的长焦镜头记录着这大自然里很平常的一幕
心底却涌动着发现的兴奋
天真的笑容让他看上去像一个孩子

高黎贡山用一道无与伦比、振翅欲飞的七彩祥云,为我们那天的观鸟做了精彩的开场白。

旧街子其实是一道稍微平缓的山梁,由于腾冲到保山的茶马古道途经于此,曾经自然形成一个小小的集市。如今古道早已不闻车马啸,集市也散尽了南北客,只残留着两间低矮的断壁残垣,当地人称之为"旧街子"[①]。

拂晓前,旧街子很寂静;我们也无声,静静地等候。等到一轮红日喷薄而出的时候,阳光裹着温暖沿着峡谷迎面直扑而上,寒气瞬间消尽。那一刻,天地动容,鸟兽惊觉,无数双翅膀从峡谷里涌上来,掠过我们的头顶,停在周遭的树枝上、花朵间,绵绵不绝。置身在这大自然的会客厅里,我们像初次去酒吧的年轻人,兴奋得不知所措。原本寂静的旧街子,

---

① 本文的"旧街子"位于云南省保山市隆阳区,为南斋公房古道起点,是"南方丝绸之路"翻越高黎贡山之前的最后驿站,海拔约1 900米。历史上,由于当时山上的少数民族和腾冲过来的人不愿下山,怕染上"瘴气",而在山下坝子的其他民族也不适应高海拔气候,不愿上山,于是就在半山腰形成一个小的集市以方便山上山下居民进行交易,久而久之就形成了固定的赶街日。此外,也有人认为是明清时候有人在金厂河淘金开矿,周边就相应有了人家,并在古道边的旧街子形成了集市。中华人民共和国成立后,由于社会进步,医疗卫生条件改善,当地政府动员山上的人和矿山往下迁移,这一集市最终被废弃。

断然不再寂寞。

　　每个角落都有鸟儿！我们刚开始时恨不得多长几双眼睛，但渐渐地冷静下来：既然阳光和花蜜令这些鸟儿如此乖巧，别处观鸟所遇的"鸟儿转瞬即逝"的困境根本不存在，我们又何必慌慌张张庸人自扰？如此，慢慢地、美美地、一种一种地看足了、看饱了，才不会愧对这份大山的厚礼。

　　该从哪种鸟儿看起呢？

　　最抢眼的莫过于太阳鸟了。它们本就是阳光的宠儿，即便是花儿，也比不过它们在阳光下熠熠生辉的娇艳。

旧街子晨曦

　　旧街子是蓝喉太阳鸟与火尾太阳鸟争奇斗艳的场所，不过绿喉太阳鸟、黑胸太阳鸟偶尔也会过来串门和走秀。我尤其喜爱那绿喉太阳鸟，胸口正是森林吐出春芽的黄绿色，嫩得让人有呵护的欲望。可仔细看，它那内里却分明又透着红，仿佛有一团随时会迸发的火焰在它体内蓄积，我几乎都要被那活力震慑住。

　　蓝喉太阳鸟将纯正的红、黄、蓝三原色随身携带——它们就是个会飞的调色盘，任你大千世界千变万化，都在它们的掌控之下，以致花儿似乎都羞于展现颜色。这里的花大多是白的，或者实在是憋不住了，稍微透出一点儿淡蓝或浅紫，也是一副小心翼翼的模样。

　　可能是嫌弃这样的花丛不够过瘾，火尾太阳鸟干脆用它们那赤红如火的尾羽,将所到之处直接点燃。这份"热烈",难道不正是拥抱春天最好的态度?

最大声的当然是蓝喉拟啄木鸟。前一天在去百花岭温泉的路上,已经充分领教过它们极富洞穿力的"亮骚"嗓音。相比之下,金喉拟啄木鸟就是安静的美男子。可能金喉拟啄木鸟知道尽管自己是时尚圈的宠儿——戴着炫酷的墨镜,身披翠色时尚春衫,系着金子般闪亮的领结——体型却远比不得蓝喉拟啄木鸟的粗壮结实。为免招来妒忌甚至惹上一顿暴揍,它们乖乖地闭上嘴,将舞台勉强让渡出来。毕竟都是混"演艺圈"的,大伙儿心底也明白,这强出风头的事儿,着实惹人厌。

不能抢镜头,那就玩神秘呗,一样能吸引眼球。

一只神秘的鸟儿一直在我们周围歌唱,曲调明亮又婉转,嗓音如清泉水,又好似拨弦琴。然而,我们苦寻不着。

不会是身着甲胄的酒红朱雀,因为沉默才符合它高冷的气质;也不会是蓝眉林鸲,自知身上的蓝比波罗的海的海水还要明艳,它素来只是细细地哼上几声便足以引得其他鸟儿忌妒心大起;更不会是派头像大明星的斑林鸽,像躲避八卦记者一样,它总是快速地从我们头顶一划而过,勉强能看清楚它的背影就不错了,哪里曾听到它一展歌喉?至于灰林鹏就更不可能了,它用一个渴望成名的龙套所拥有的耐心,在眼前的枝头上动也不动,除了倔强而笨拙地挤进我们的视野,对"怎样利用歌声来吸引注意力"这件事情上,完全不得要领。

叫声还在四处回响,我们已将旧街子前后左右地毯式地搜索了一遍,依然不得要领。神秘的鸟儿没找到,倒是撞见了好几种啄木鸟,惊飞了一大群凤鹛、希鹛和银耳相思鸟。

这位神秘的歌唱家一定是饥渴营销方面大师级的鼻祖。它就那样一刻不停地撩拨着你的好奇心,起先是让你心痒痒,后来简直就是心塞,最后几近愤怒,发誓无论如何一定要寻个究竟。

没有用的!一切都是徒劳,以及迷惑、沮丧!

好吧,我们投降!

意料之外,世界又美好起来。你看,连棕腹鹛鹛都被我们找到了,这可是与《神雕侠侣》中的小龙女和杨过一样的神仙眷侣啊!棕腹鹛鹛是极少数雌鸟体色比雄鸟更美的鸟类之一,其中雌鸟灰头黑顶绿背棕腹,而雄鸟黑头栗背白喉黄腹。然而,不同的只是色彩,相同的却是浑圆的脑袋和肥胖的身材。如果杨过和小龙女整天在山谷里,过着自由自在不愁吃穿的生活,最后也定会发福如斯吧?!虽然除了"越冬",我们都只看到雌鸟,但大家已然满足了。毕竟无论哪一个版本的《神雕侠侣》,大家最关心的都是小龙女到底是由哪位美女出演,而不是没什么存在感的杨过,对吧?

那天的旧街子,与我们一样,几乎同时赶着朝阳升起的节奏出现的还有一个人。他拿着一部长焦数码相机,上上下下,四处转悠。既没望远镜,摄影设备也很业余,这人到底在干什么?找不到那神秘的鸟儿,这神秘的人倒是可以去了解一下。凑过去一看,一张宅书生的脸,上了年纪的胡茬子,眼镜片够厚,却遮不住明亮的眼神。

"您好!您在找什么?"

"您好!你们是观鸟的吧?你们看到纹背捕蛛鸟了么?"

"还没有呢!这里应该有,一起找找呗!对了,您观鸟怎么也没有望远镜?"

"我不是观鸟的,我是研究植物的。"

"植物?那您怎么关心纹背捕蛛鸟?"

"我是研究动植物进化关系的。这里有红苞花,我猜它应该依赖纹背捕蛛鸟的长嘴进行传粉。"

"您是说那一簇寄生植物,开红色、像小象牙一样的花么?"

"是的,就是这种。"

"哦,您等一下。来了!你看,纹背捕蛛鸟来了,在吃花蜜呢!"

"在哪?在哪?"

"您到我这里就看见了。看见没有?"

"太棒了!这下是铁证了!"

纹背捕蛛鸟（林子大了 摄）

　　他用那个小小的长焦镜头记录着这大自然里很平常的一幕，脸上却涌动着发现的兴奋，天真的笑容让他看上去像一个孩子。我们又聊了几句，发现他正在中国科学院昆明动物研究所做博士后研究，而我们其实都是云南观鸟会的会员，在同一个QQ群里好久，对彼此的ID也都有印象。世界真小，而且紧密相连，就像花儿和鸟儿那样！

　　长尾奇鹛来了，丽色奇鹛来了，云南最常见的黑头奇鹛也来了。我一直不知道这个类群为什么被称作"奇鹛"。难道是它们全都天赋异秉，或是有其他原因？所以我就去查了奇鹛属的拉丁学名"*Heterophasia*"的原意，结果为"异语症"或"错语症"。

　　长期以来，奇鹛属都被置于画眉科下，但新近的DNA分类提出了不同的看法。前人那样安排完全可以理解，奇鹛类的鸟儿可不就像画眉一样会唱歌嘛！你听这些叫声，虽然比不了画眉那种西洋歌剧里花腔女高音般的一秒三变的变化无常，但是绝对可以与民族唱法里的各种变调、拖音和颤音有得一拼。也许是拉丁文里找不到更合适的词汇，这才得了这么个名字。当以前国人翻译过来的时候，大约也替这些会唱歌的鸟儿觉得冤枉，便将中文名改为"奇鹛"[1]。

有了这些奇鹛，原本就热闹非凡的旧街子，俨然上演了一场永远不知道何时会谢幕的舞台剧。我也这才猜想，先前神秘的叫声莫非也来自它们中的一员？可惜，当我们侧耳聆听时，那叫声却不知道什么时候已经在这满山悦耳的鸣唱中悄悄地消失了。

黑头奇鹛

长尾奇鹛的尾巴很长，仿佛中世纪法国女人收起来的裙摆。丽色奇鹛并不见得怎样美丽，与其他奇鹛差不多，介于鼠灰与天青色之间，只有在阳光下才隐隐地显露出棕褐色的小腹部和尾羽，像一位正打算出门私会情人的威尼斯贵妇，还带着掩人耳目的黑色天鹅绒眼罩。黑头奇鹛就像是灰色版的灰喜鹊（灰喜鹊其实是蓝灰色的），黑和灰，搭配得很顺眼，但也不会让人觉得眼前一亮，犹如一股来自英伦的老派作风……我正遐想联翩，眼前的这只黑头奇鹛忽然开始歌唱。天哪！那不正是之前让我们所有人苦苦寻觅的神秘歌声么！众里寻她千百度，蓦然回首……

最"神秘"的鸟儿，原来就是最常见的鸟儿！百花岭的旧街子，着实让我们喜出望外，又大跌眼镜。旧街子的集市早已湮没在历史的长河中，可旧街子并不旧——你来到这里，有百花盛开，有百鸟相伴，有流云飞舞，有万山巍峨，有清清长风，有暖暖阳光，哪一天不是崭新的呢？

---

[1]　有些鸟类我国本来有名称，但缺乏科学性和系统性。基于科学分类的鸟类名称此前大多从国外的研究引入。——编辑注

# 那邦榕树王

也许这说不清的东西就是"缘"
甚至与那些鸟儿和花花草草的相逢亦都是种结缘
缘深的,约定三生
缘浅的,亦可相逢一笑

厦门不是没有独木成林的榕树,但是盈江那邦的一棵树长成殿堂一般壮阔的情景还是深深地震撼了我。这株榕树王究竟何年何月生已不再重要,它俨然是一位神灵,承载着一方百姓的祈福和祭拜。红缠头挂满了枝头,借着山风,在山林里如触手一般,捕捉一段又一段的心事。

我们的心事很简单,无非是多看些没见过的鸟儿。天空正飘着小雨,仿佛三月的江南,桃花开着,杏花也开着。最美的时候亦是凋零的开始,所以,那些雨水都是花儿流的泪吧。我们孑行深山,有着浓浓的寂寞。

榕树王听到我们的心声,于是派来了信使。那是一只蓝色的小鸟——中华仙鹟,它骄傲地挺着橘色的肚皮,在伸出的竹枝上瞪着大大的眼睛打量着我们。可不曾想,忽然冒出来一只白头鹎鹛。这个愣小子,一下子将中华仙鹟这位华丽的先行官撞得措手不及,落荒而飞。再看那只白头鹎鹛,仿佛是知道自己做了错事的小孩,红着眼睛赶紧躲到竹林背后,小心翼翼地打探着我们,担心给它一顿责骂。

我们怎么舍得骂呢?它像一位不懂得如何控制自己内心和力量的困顿少年,已经愁白了少年头,我们哪里还会忍心继续加重它的烦恼?

　　红嘴钩嘴鹛和棕头钩嘴鹛也在。它们一路紧跟着白头鹎鹛，看着它闹笑话，还一个劲地吹着口哨起哄，像是一对惹人烦的堂兄弟。可我总觉得它们是榕树王派来暗中保护白头鹎鹛的，内心善良得很，就像《红楼梦》中的贾宝玉和贾琏，看着是浪荡货，骨子里却是多情种。

　　之所以这么想，实在是因为这两种钩嘴鹛向来行动隐蔽，偶尔能在树缝间露出猩红的弯嘴已然难得。若不是迫于无奈需要跟着这四处乱闯的白头鹎鹛，哪里能像现在这般，完完整整地将自己暴露在我们面前？

　　红头鸦雀也来了。它们是榕树王国幼儿园里永远长不大的孩子，无论在哪里，都会将那令人满心欢喜的嘈杂声填塞到每一个角落。又下起了一阵小雨，哦，不，那是它们的礼物，是花儿、叶儿上的雨水被它们撞下来后，送给你我的一场真实的幻觉！

　　一只黑眉鸦雀怯生生地混在红头鸦雀中，似乎想靠近它们，又总是保持一点点距离，像刚转学过来的新生。就像没有不可爱的小朋友一

独本成林的盈江那邦榕树王

样,鸦雀也没有不可爱的。可总有一些小朋友特别招人疼,黑眉鸦雀便是这种——短粗的黑眉让那双大大的眼睛看上去充满了对世界的好奇,仿佛随时会拉着我的手问一句:"为什么我们会飞,你却不会呢?"

我无言以对!该怎么解释我的内心深处一直觉得人没有进化出翅膀是个错误呢?

鸟儿与人的世界并不相同,黄腹冠鹎大约是最清楚地知道这一点的。多美的一种鸟儿啊!明黄的腹部、芥子色的翅膀,就像穿了御赐黄马褂一般闪闪发光;浅蓝色的嘴如黎明前的天空,灰色的面颊冷酷到底,高高挺起的冠羽似菩萨指引众生的兰花指。再看看网络上的那些黄腹冠鹎照片,浅蓝色的嘴和灰色的面颊让它们看上去就好像是秃头,原本令其骄傲的冠羽成了秃头上的几个顽固分子,御赐黄马褂看上去也好像只是裹了床黄色的被单,十足的落魄像。我们总以为照片可以再现现实,但往往差距甚远。你我都曾看过无数高大上的宣传照,也见过各种不堪的丑化照,而这背后世界,鸟儿不会懂。

榕树王背后是一条隐秘的山路。直到看见几位山民跋涉路过,我们才知道它的存在。

往里走,森林越发地浓密起来。发冠卷尾隔着头顶的树冠吵闹不已,笔筒树看上去与桫椤很类似,将我们的想象带回远古时代。一只大盘尾拖着细长而扭曲的尾羽从面前的溪流上空一闪而过,像魔幻世界里异装的巫师,让人过目不忘。

林子下面是另一个精彩的世界。一个看上去仿佛是硕大的蘑菇的东西,捡起来才发现硬邦邦的不知何物,拍了照片通过网络向植物分类学达人"天冬"询问也不知所以。不过显然这是个很有趣的东西,以致他让我邮寄过去鉴定鉴定。后来,这个硕大的家伙意外地出现在电视台记者采访他的镜头里。当时应该是包裹刚刚到北京,他正拆开,然后一脸惊讶地对着记者说:"好大的个头,比我想象的要大得多。你也想不到吧?这竟然是一种藤本植物的种子!"

大或小,都需要亲身来感受。厦门、盈江那邦到北京的距离不可谓不远，但人与人之间的距离却在那瞬间的惊喜中变得很近很近。也许这说不清的东西就是"缘"。甚至与那些鸟儿和花花草草，无论是在山林相逢，还是在海滩偶遇，亦都是种结缘。缘深的，约定三生；缘浅的，亦可相逢一笑。

下山的路边有一株木棉，此时红花似火，众鸟云集。我们坐在这棵大树的对面，看灰奇鹛、丽色奇鹛、纹背捕蛛鸟、橙腹叶鹎、黑短脚鹎等轮番享用花蜜大餐。我们就这样坐了好久，此刻山风绵长、时光静停。

丽色奇鹛

"大推"后来在这条山路上看到两只灰孔雀雉，而且是近距离，连眼睛都看得清楚。他手舞足蹈、满脸兴奋地跟我们说得吐沫横飞，而我们故作冷静，嘴里说着"恭喜恭喜"，心底恨不得大肆放任一下自己的妒忌心，暗想对这样的人应该拖出去暴打才好。直到"大推"继续眉飞色舞地说还看到了其他若干好鸟，众人终于忍不住齐声怒吼："请吃饭！"

挫人！某人瞬间就闭嘴了。

耳畔仿佛响起《动物世界》栏目里的声音："太阳已经落下，榕树王国又恢复了往日的宁静……"

# 二登昔马古道

勿忘初心
每一次与野鸟邂逅所迸发出的
对生命精彩的由衷欢喜
这才是我观鸟的动力

## 香蕉林里的鹦鹉和犀鸟

在网络和移动客户端盛行的时代，大家，当然包括这么爱嘚瑟的我，都习惯了在微信朋友圈晒自己四处游玩的照片。所以那几日，全国很多鸟友都知道我在盈江那邦。然后，我就收到一个提醒：昔马古道务必要去。

说心里话，一开始我对昔马古道是有抵触的，不能你让我去我就去，对吧？好了，不开玩笑了。不过，我确实是有抵触的，因为，因为要爬山嘛！这时候集体行动的好处就显现了——我是被其他几个人拖上山的。每一个懒人都需要有勤快的朋友们，这真是颠扑不破的人生真理！

山下都是香蕉林，热！对面的缅甸军人在踢足球，附近5米宽的界河上用几根原木搭了座简易小桥，流水潺潺。我恍恍惚惚地走了过去，遇到一位采草药的缅甸小姑娘。她冲我笑了笑，我这才意识到走错路了。

返身沿着崎岖的山路盘旋而上。鸟儿自然是有的，但并不多，至少没有什么让我特别激动的种类出现。因为并不知道究竟这里会出现什么鸟儿，所以也谈不上期待。默默地流着汗，爬着山，听蓝喉拟啄木鸟在路边的大树上发出怪异的声响。

忽然身后传来汽车发动机的轰鸣声，循声一看，一辆越野车颠簸而上。这让我有些羡慕——若是也能有此座驾，山路也未必就是征途嘛！可是先别说我全部家当也值不了这辆豪车，单是想想自己那本十多年了依旧一分没扣过的驾照，还是老老实实地依靠双腿比较适合我。

你看那巨松鼠，也就靠四肢而已，还不照样漫山遍野地溜达？森林就像它的高速公路，不过它似乎最爱在高速休息站里睡大觉。这里大约是没有大型猛禽的，否则这家伙怎么可能睡得如此踏实，甚至好几次我都疑心它是不是已经"挂"了。它确实是"挂"了！树枝像根单杠，它头尾朝下，半米长的大尾巴又黑又亮，在高大的树枝上垂下来随风轻摆，毫无顾忌地招摇。

我们在中午才到昔马古道，这时鸟不多并不奇怪。所以，我便开始边走边拍些花花草草，渐渐地落在了队伍最后。我并不知道这古道究竟有多长，也不曾有信心自己可以爬上很久，加上已经过了几个转弯，路边却还是香蕉林占多数，单一的生境越发让人觉得希望渺茫，就这样不咸不淡甚至带有一点沮丧地继续走着。

在几乎想放弃时，路忽然宽了起来，视野也变得开阔。不知不觉间，我们爬到的高度已经足以让整个山谷历历在目。几乎可以平视那些宽大的树梢了，鸟儿也陆陆续续地多了些。可惜依旧是这几天已经见过多次的种类，比如发冠卷尾、纹背捕蛛鸟和橙腹叶鹎。在橙腹叶鹎里找找金额叶鹎或者蓝翅叶鹎的希望也都一一落空，越发觉得无聊。

干脆不走山路了，往旁边的林子里拐一下看看。这片林子也着实不好走，坡陡路滑，不过前面聒噪的鸟鸣给了我们动力——至少对我的诱惑比原先的山路大。于是这下子变成我在前面遥遥领先，其他人犹犹豫豫，不知道究竟是调转方向跟着我还是继续往前走更好。

自从我把组织大权从"大推"手里夺了过来，开始独断专行之时起，我就深深地明白一点：要想带好队伍，必须给队员们丰厚的回报。对于鸟人，还有什么比看到好鸟更好的激励呢？必然是老天爷觉得需要帮我树立威信,我一抬头,嘿嘿,乐了。

于是我转身,看了一下还在下面缓缓而行的众人,挥了挥手,那意思很明显:跟我走,有料! 你看,群众多拥护,"乌泱泱"全冲上来了! 搞得我连忙示意:轻点,轻点!

一只绯胸鹦鹉就在我头顶的横枝上。它应该是刚刚洗完澡,显得有些狼狈。逆光让我无法仔细欣赏它那粉嘟嘟的胸口,可是现如今,在中国境内能看到野生鹦鹉已经很不容易了,还苛求什么啊?! 它忙着晒太阳和梳理羽毛,并没有发现我们,偶尔歪着脑袋的时候,我甚至可以看见它反光的瞳孔。

所有脑袋所占比例偏大的鸟都显得很萌,这似乎和我们对婴儿的认识有关——小孩子的脑袋与身体的比例比成人大得多。鹦鹉当然不例外,更别说它们除了浑身华丽的羽毛,眼睛还会一眨一眨的,每次眨眼之后都又瞪得又大又圆,像极了充满好奇心的"小屁孩",萌得众人一脸的"鼻血"。尤其是这只绯胸鹦鹉不仅有一字眉,还是个大胡子,十足就是电影《虎口脱险》里光头佬唱着"鸳鸯茶"的桥段。

绯胸鹦鹉群飞（林子大了　摄）

终于,阳光不仅让这只绯胸鹦鹉的羽毛重新恢复了蓬松干爽,还将那一身翠袍照得闪闪发光。它不免得意起来,反反复复仰着脖子,同时张开红彤彤的大圆嘴,并伴以几声刺耳的大叫。这场景很熟悉是不是? 对,没错,与洗澡时喜欢唱歌的你一模一样!

我现在是腿不酸、腰也不疼了。林子就不继续钻啦,回到山路上继续随便看吧,反正我也已经满足。是的,作为一个没有太多追求的鸟人,我已经越来越容易满足了。拿着望远镜四周随便瞅瞅，也没发现什么，就放下望远镜看看风景。对面山头那棵树的横枝上似乎有个黑点，应该是一只鸟吧？拿起望远镜再看，嘿！蓝须蜂虎！尽管在望远镜里它也只是个小蓝点而已，但是那独特的体型错不了。这家伙倒是我此行为数不多的目标之一，远是远了点，好歹见到了不是？作为领队的地位显然再一次得到了巩固！咱也不嫌业绩小，俗话说得好："有毛就不算秃子"嘛！

　　有了威信就是不一样，大手一挥，撤！哼着小曲儿众人就下山了。路过溪流，权欲正盛的我不免又做起偷窥鸟儿洗澡的美梦。无奈等了5分钟，连声鸟叫都无，再这样下去估计会有损我的光辉形象，只好依依惜别那流水叮咚。一路上捡起香蕉树巨大的红色花瓣贴在胸口作秀，或者藏身在硕大的芋叶底下拍照——山林里的乐趣既简单又丰富，只要你有个好心情。

　　匆匆下山当然还是有所图谋的。山下有一小片河谷平原，据说是犀鸟每天都要飞过的地方。这里三面环山，河谷里种满了香蕉，一位缅甸蕉农就在我们脚下隔着10米处干着农活。我们并不知道犀鸟会从哪个方向飞出来，反正它一定比这里的军民更不会在乎国境或边界。天空也好，大地也罢，都是它们永恒、不可分割的家。

　　等到我站不住了蹲下来，蹲不住了坐到地上，坐得无聊正准备干脆躺下时，犀鸟这才出现在对面的山峦上空，并且朝着我们径直飞来。4只！真是大啊！巨嘴反射着夕阳金灿灿的光芒，雪白的尾翼，轰炸机机翼一样硕大的翅膀以一种缓而有力的节奏拍打着。看着它们由远而近是一种无与伦比的享受，一切声音都神奇地从耳边消失了，唯有它翅膀扇动出"呼……呼……"的风声响彻脑海。等稍微近了些，明显看出是两大两小，而且雌雄

花冠皱盔犀鸟（林子大了　摄）

有别。花冠皱盔犀鸟，用一种让我们彻底膜拜的姿势掠过我们的头顶。它们像出城巡视的王族，我等卑微子民，除了高呼"万岁"，简直都不知道该如何言语了。

等犀鸟消失在山巅背后的那一刻，所有的人都欢呼起来，彼此拥抱庆贺。什么？你问我作为"领导"是否该显得矜持矜持？好不容易这么快活了，"领导"这种烦人烦心的玩意还是哪里凉快哪儿待着去吧！

## 完美的瞬间

隔了一天，我们又去了一次昔马古道。这次是上午去的，因为在那邦遇到鸟友"白饭"。"白饭"是国内有名的鸟导，他说那边一般而言上午鸟况会更好一些。如此，本来就有些不甘心的我们自然抱着"重上威虎山"的心态又杀了回去。果然，好戏在后头。

小苏在昔马古道看到和平鸟了。

我强烈怀疑给这种鸟命名的人有一颗少女心。战争明明是人类自身的事，却将和平的期望寄托在鸟儿身上，这算哪门子鸟事儿啊？不过，吐槽归吐槽，巴巴儿地还是眼热想看。

哪有那么容易哦？！

昔马古道在上午的鸟况确实好很多。从我们前天到过的那个可以俯瞰山谷的地方开始算起，继续往上大约500米的范围，是本地鸟类最集中的区域。虽然今日绯胸鹦鹉没了，蓝须蜂虎也不见，但是至少有啄木鸟，而且大黄冠啄木鸟和黄冠啄木鸟接踵而至。它们刚刚停歇稳当，一只大盘尾和一只蓝绿鹊又翩然飞来。这4个家伙停在同一根树枝上，是要凑一桌麻将的节奏么？

在国内众多鸟友的心中，啄木鸟大约是最受喜爱的鸟类排行榜上仅次于猫头鹰的类群。一是因为不太容易见（少数种类除外），二是行为实在独特。当它们聆听树皮下虫子的动静时，会微微地侧着脑袋，显得颇有些呆气；然后忽然间极其愣头青地用铁凿般的长嘴对着树干一顿猛敲。那声音"哌哌哌……"响彻山谷，却往往一无所获，或许这是另一种《命运》的敲门声吧！它们并不会放弃，继续沿着选定的大树主干盘旋向上，直到将主要的枝干全都搜寻完毕，这才双翅一展飞向下一个目标，试图叩开另一扇命运之门。

无论是大黄冠啄木鸟还是黄冠啄木鸟，都让人想起藏传佛教里高耸的僧帽。蓝天白云下的青藏高原，红色是最耀眼的，佛陀的弟子们选定它作为普世的光华或许正因如此。啄木鸟无需负担渡化众生的重任，因为丛林里的众多生灵原本就是自由的，它们只需要守着自己原本隐秘的快乐即可，所以这一身青苔之色成了当仁不让的选择。其实，自由正是佛家的终极目标，是免于六道轮回苦楚的修行之果，从这一点来看，啄木鸟比我们更接近佛的世界。这不，它们的头顶，分明闪着金色的"佛光"！

至于大盘尾，除了让人瞠目的尾羽，它们那天生的大嗓门同样令人印象深刻。只需一只大盘尾飞过来，森林里就好像新开张了一家电玩游戏厅，各种奇怪的噪声会绵延不绝地充斥耳膜。

蓝绿鹊则不同，仅仅偶尔叫几下，吸引到你的注意力之后，剩下的就是在你面前尽情展示它美到近乎妖艳的装束了：猩红的眼圈、赤红的嘴，就连爪子也是锃亮的红，黑色的眼影直扫脑后。似乎还嫌这样的打扮不过瘾，它干脆给翅膀又涂上铁锈红，然后上上下下里里外外套上一件翠绿大袄。没有闪亮的辉羽，仅凭这一身"似春柳、如嫩芽、若新竹"的绿就足以让群鸟失色，连以黑又亮出名的大盘尾和身披幽幽苔青衣衫的黄冠啄木鸟，亦显黯然。

不过话说回来，虽然我在望远镜里将这4只鸟儿比来比去，它们倒是一团和气，并不曾真的要一分高下。是啊，森林足够大，足以容纳各式各样的精彩。其实我们人类的世界也并不算

蓝绿鹊（古古炊烟 摄）

小，可是为什么就偏偏喜欢制定出各种奇奇怪怪的所谓"标准"来衡量这个那个呢？倒真不如来一段大盘尾的"噪声"，至少还能令人心血沸腾，爽快一回。

我们被这几个大家伙的出现搞得兴奋不已，差点忘了这里也是小鸟的天堂。一只雀鹛出现在路边的灌丛里，匆匆一瞥，哦，是常见的灰眶雀鹛。又来一只，懒得看了。再来一只，哎，也没别的鸟，就再看看吧。幸亏看了——它们并非灰眶雀鹛，而是与灰眶雀鹛很像的褐脸雀鹛。没了灰眶雀鹛那样的白眼圈，它们的小眼睛跟绿豆似的，少了一点乖萌，却多了一份呆傻。可回头想想，其实我们自己才是更傻的，差点白白浪费了这送到眼前的大好机会。

感谢这差点错失的褐脸雀鹛，我开始审视自己近日来的观鸟态度。此番滇西观鸟，数日来每日都有不少未曾见过的鸟种入账，求新之贪与懒惰之心在不知不觉间交互渐生。虽然可以理解，但并非值得骄傲。"勿忘初心"——每一次与野鸟邂逅所迸发出的对生命精彩的由衷欢喜——这才是我观鸟的动力，而集邮式、不断增长的新鸟种数量，只应该是观鸟路上自然而然的收获。急功近利必然容易诱发本末倒置，人生如此，观鸟亦不例外。

调整好心思，观鸟又变得轻松怡人。鸟儿叽叽喳喳，我们寻寻觅觅。一只头戴砖红色小帽的巨大的"长尾缝叶莺"，从攀爬在大树干上的藤叶堆里钻了出来。显然，这不是在厦门随处可见的会当"裁缝匠"的长尾缝叶莺。在它浅黄色的胸口，整齐的纵纹如冰河流淌出的冲积扇，一双紧紧地盯着我们的望远镜的大眼睛，虽然炯炯有神，却又似乎深藏不安。就像一位中世纪戴着帽子的牧师，嘴里念着宽恕的经文，心底却正紧张地打量着一群忽然闯进教堂的异教徒。纹胸鹛！

或许正是纹胸鹛这种"不安但故作镇定"的独特气质，让我早早地将它列入本次观鸟为数不多的目标鸟种之一。

有人问我观鸟究竟观什么？我当然有很多听上去实实在在，比如"观鸟就是观形态和行为"，也有"观鸟就是观环境""观鸟是走向自然的钥匙"之类冠冕堂皇的回答。但是，对于我自己而言，这真的是一个很难给出答案的问题。同一个世界，不同的人看到的、感受到的往往截然不同。所谓"一花一世界"，所谓"心即是佛"，这些话我也不过是懵懵懂懂。此中深意，只怕也只有当你拿起望远镜，走过千山万水之后，有一天，答案才会浮现在你的脑海，抑或心灵深处。

　　与试图去抓住心灵的一瞬相比，天空中划过的鸟影还是更容易捕获得多。那巨大而熟悉的身影非山皇鸠莫属。它像鹰一样滑过山谷，然后挺身、振翅、减速，完美地落在山间的一根枯枝上，而距离的遥远并不妨碍它那紫金色的翅膀在我们的眼底熠熠生辉。它依旧像一只猛禽，蹲守在那里，巡视整个山谷，不负自己的"山皇"之名。

　　当山皇鸠在我们头顶近乎无声地滑过时，身边的灌丛里传来明显的翻拨落叶的声音。我们小心翼翼地凑上前去，还没有站稳，"扑剌剌"一声，林中惊飞起一道虹影。即便丛林间的阳光只能堪称斑驳，却足以让这道虹影闪动出令人目眩的华彩——是玫瑰的红艳、黄金的璀璨、琉璃蓝的明快和墨绿的深沉，与矫健的体魄交织相融后飞动的一瞬。"原鸡！"我们众口一词地脱口而出。无需我多言之后大家激动的心情，你完全可以想象我们是如何一路笑语不断地走下山的。

　　就这样，尽管没有找到和平鸟，能在昔马古道上用"一个仅有却那么完美的瞬间"给我们当天的观鸟画上句号，我们已心满意足。

# 玉山的台湾特有鸟种

翌日的晨光与鸟鸣一同将我们唤醒
天空蓝如碧海
远山的顶端,瀑布一般的云泄向山谷

　　台湾特有生物保育中心姚正德老师的夫人是玉山公园管理处的工作人员,听说我们要来,特地准备了芳香浓郁的咖啡。台湾地区的公园大多是免费的,不像大陆,后者动辄数十上百元的门票往往阻隔了民众贴近自然的自由和愉悦,只剩下消费自然的一次性快感。正是因为可以很便利地贴近自然,在台湾,骑自行车旅行和健身非常流行。尽管玉山主峰的最高海拔为 3 952 米,但一路上各色车手的身影却不曾断绝。看着他们咬紧牙关的表情,以及肌肉鼓胀的大腿,真叫人不得不佩服。
　　在去观鸟界著名的清境农场的路上,我们路过日月潭。一干人免不了俗,下车兴高采烈地拍照留念。虽然只是山间的一汪水而已,与西湖相比,水面不大,楼台硬拙,叠山少韵,而且天阴微雨,可作为中山湖泊的日月潭依旧蕴藏着地处平原之地的西湖所无法比拟的深邃和幽蓝。我们离开的时候,一辆私家车停靠过来,车上的男子打着把黑伞走到湖边的长椅边,静静地对着湖水;车上的女子则在车门口打着一把花伞,同样无声,面湖凝望。或许,这就是台湾人对日月潭的喜爱方式:眉眼情深,默而不语,皆留心田。
　　我们继续在险峻的山路上盘绕,一路上台湾野鸟协会总干事吴自强老师讲述了很多日本殖民统治时代发生在这里的台湾少数民族的抗争故事,听罢令人唏嘘感怀。日本帝国主义曾经在台湾地区盘踞几十年,尽管带来了乡民自治的传统、整洁的卫生环境等影响,但毫无疑问,更多的是文化的独裁、暴力的征敛和血腥的镇压。台湾人民能够享有今天的生活,正是由于在这种抗争中自身的不断取长补短,而不是屈服于日本人自诩的"开明专制"的结果。

在对历史的感怀与对车窗外山峦变幻的赞美中,我们到达了清境农场。

清境农场最初是在第二次世界大战期间前往缅甸的中国远征军到台湾后被安置的地方,如今这里成为高山旅游重要的休整地和观光地。这里出产的绵羊和高山蔬菜都是台湾最知名的,很多家长会带孩子来此体验牧场的乐趣。农场有很多民宿,多半是欧式风格的,整个区域远远望去,颇有点瑞士乡村的味道。

清境农场素有"雾上桃源"的美誉,到了晚间,果真雾气弥漫。原想沿着山路信步一番,未走几步便不辨人影,只好折返回酒店。途中意外发现一家纸的主题商店,里面甚至还包括一间

厦门鸟友在给台湾海峡对岸的家人写明信片

用纸做的小邮局，从柜台陈设到桌椅全都是用纸做的。于是买了一张纸做的明信片，坐着纸椅，趴在纸桌上，在多彩的纸灯照耀下，我写下了远方朋友的名字，告诉他：这里是台湾，我在清境农场，海拔1 750米。

翌日的晨光与鸟鸣一同将我们唤醒。天空蓝如碧海；远山的顶端，瀑布一般的云泄向山谷。灰胸竹鸡用高亢的晨歌引起我们的关注之后，又故作害羞地在林间潜行躲藏。我们心底惦记着去找台湾戴菊和台湾林鸲，也懒得理它。就个人而言，并不喜欢这种以最初发现的地名来命名物种的方式，虽然部分反映了其分布的特殊性，但少了太多的美感。

台湾戴菊原本叫"火冠戴菊"，多么贴切啊——那一小簇鲜红裹着明黄的冠羽不正如夺目绚烂的小火苗么？台湾林鸲原本叫"栗背林鸲"，只看文字便会是个充满色彩的画面：它是一位穿着栗红色衬衣和浅白色背带裤的年迈嬉皮士，偏偏背带又是耀眼的鲜红色，与它长长的白眉一样引人注目。一想到只需再往上1 500米海拔就能看到它们，如何叫人

合欢山武岭段武岭海拔高达3 275 m，也是台湾中横公路的最高点。受太平洋暖流的影响，这里林线很高，林线上亮绿色部分不是草，而是台湾箭竹。

按捺得住？但是，还是有东西让我们在半路就停留了下来，那是大自然壮美的风景线。

受太平洋暖流的影响，台湾山地的林线比同纬度的武夷山脉要高出很多。合欢山在海拔3 000米左右才告别雪松组成的林海，剩下满山柔绿的却不是青草，而是低矮密匝如绒毯一般的台湾箭竹。群山终于露出铮铮铁骨，而作为天与地的传话者，岩石用亿万年的智慧选择了沉默，任凭风的呼啸和催促也不妄动。古人聪颖："不敢高声语。"我们，面对脚下悠悠千层白云，百里重山，也唯有一声慨叹……

游人众多，让我们在武岭寻找岩鹨的计划落空。继续向上，才转过一个山头，原本高照的艳阳竟然转瞬而逝。阴风嘶嚎，浓雾从山谷张牙舞爪地席卷而上，合欢山著名的松雪楼只来得及看到一个影子便从众人眼前消失了。我们不甘心，等着那雾气散去。渐渐地可以看到些松树的影子，慢慢地可以看清枝桠的形状，然后，有两只欢乐的鸟儿猛地跳出来，雄鸟高踞枝头，雌鸟守在下方紧紧相随。如同幻影重现，此前在台湾雪山因为浓雾被我们错过的酒红朱雀[1]，在这里同样因为浓雾，却给了我们最意外的惊喜。它们静立在我们的镜头框里，美极了！

"鹰will"看到台湾戴菊飞过的影子，我们错过了；"鹰will"看到台湾林鸲飞过的影子，我们又错过了。连番的挫折让我们都不愿意相信"鹰will"是真的看见了，可他的眼神就是好到让人羡慕。我们终于也看见了台湾林鸲的雄鸟，那么远，是迷雾中的一个小小的点。就在我们被几个小黑影逗得来回乱窜、期待一睹它们芳容的时候，唯有鸟友"大雁"极度耐心地死守阵地，结果唯有他拍到了台湾林鸲的雄鸟，羡煞众人。上苍大约是见我们可怜，派了只台湾林鸲幼鸟傻乎乎地飞到众人面前，算是来点补偿。那酒红朱雀也似乎是有意安慰我们，飞到眼前的花丛中再也不肯离去……

云雾倏来悠去。山顶有个开放式卫生间（台湾的男用小便间很多都

---

[1]　见后文"台湾雪山的黑长尾雉"部分，此处是倒叙写法。——编辑注

没有门，只有布帘遮挡），进去后对着峰顶缥缈不定、林谷明晦不分的山峦放松如斯。我等皆是云中子、雾中仙也！

然后再往上，去了台湾特有生物保育中心的高海拔试验站。途中遇到一干驴友在此炖牛肉汤，寒风瑟瑟湿气浸身之际，那热腾腾的香气让人觉得神仙的生活也不过如此。据说再继续前行的话，我们就可以到达天境，然后穿过太鲁阁大峡谷抵达太平洋边的花莲了。不过因为我们还要去垦丁，所以纵然近在咫尺，也只能掉头。留下迷雾，留下未能看得真切的台湾戴菊和台湾林鸲的身影。

后记：回到厦门的时候发现当时记录一些地理信息和驴友地址的笔记本不见了。或许，有些东西就是带不回来的，只能遗留在那里，就像那些特有的鸟儿，虽然我喜欢充满色彩的名字，但它们只属当地，别无分号。

# 壮哉！花莲太鲁阁

长春祠奉祀的不是神灵，也不是名士将帅
而是42个普通修路工的名字
他们的生命已经化成祠堂下永不枯竭的跌瀑
成为立雾溪的一部分，与中横公路做最后的缠绵

曾经，我已经那么接近太鲁阁大峡谷，却不得不掉头转去，唯有向那些骑着自行车的勇士们挥手作别，看他们的背影像风一样消失在海拔3 500米的山间迷雾之中。

如今，我们坐在"太鲁阁号"上。台湾高铁虽然便当好吃又便宜，却依旧改变不了从台中到花莲需要绕道台北的尴尬事实。只有4个小时的路程，却总觉得走了冤枉路，心有不甘。我这是怎么了？

从什么时候开始旅途会变得焦躁不安？从前的我，每当火车慢慢地开起，路途的风景缓缓地迎面而来，我都会托着腮帮子，嘴角挂满微微的笑意，看窗外的流云远山，看田野里的牧童耕牛，看炊烟四起的乡舍，甚至会一时兴起，与他们挥手，在心中默念再见。那份悠闲之心境缘何在前往花莲的路上全都消失了？

是我的心啊，它太急切地想要到达那里！峡谷的瀑布激流与波涛汹涌的太平洋交汇而成的声响，已经在梦里萦绕太久，早已成了植入我脑海里的"摄魂咒"。它让我对眼前一晃而过的城市和乡村视而不见——它们都太平淡，就像喝惯了普洱茶的人，突然来一杯龙井，明知也是好茶，却再也品咂不出其中的滋味。

一提到台湾,许多大陆人最熟悉的地理名词无非是阿里山和日月潭。可若以风光衡量,这两个地方别说无法与大陆很多名胜媲美,就在台湾本地,也只能算是中下之选,概因歌曲与宣传之功,才得以广为传播。太鲁阁大峡谷则完全不同,可谓是自然造化与人工雕琢的完美结合。开山凿壁修建出来的中横公路横贯中央山脉,让台湾的东西海岸的人们终于可以便捷相会。我在台湾美术馆里看到的相关纪念画不少,而且皆为精品。

太鲁阁大峡谷的山体完全由坚硬的大理石构成,然而所有的强悍在水滴石穿的精神面前都不得不低下头颅。立雾溪用它的坚毅将柔弱之躯集聚成激荡澎湃的力量,历经百万年,在群山之间切割出落差高达近1 000米、最窄处不及10米的深邃峡谷,然后直奔太平洋的怀抱,永不回头。中横公路过了天祥之后便一头栽进太鲁阁大峡谷的怀抱中,不过这份拥抱显然并不温柔。在铁钎火星四溅的开凿中,中横公路凿壁偷光,穿石而过,成为典型的壁挂公路。今人走在这种半开放式的隧道中,眼底明晦交错,山体渗透的水滴寒气逼人。栏杆外触手可及的峡谷对岸,是那些横斜的纹理和大小石窝,是650万年来大理石隐秘的岁月之书。瀑布从对面的山体间迸出,不知道来自何方。仰头,崖顶葱郁满满,却如此高远;天空,剩下一条蓝色的绸缎。俯身向下看吧,那里原本也是一条蓝色的缎带,却因为上游暴发泥石流而成了一袭麻衣,任是两岸千百条清如琉璃的瀑布也冲刷不干净那份混浊不堪。或许,真的只有太平洋的浩瀚才能涤荡这大自然浓烈的愤懑之意,抚平这悲情之伤。

峡谷的崖壁上偶有的葱郁处、明隧道滴水不断的顶部和溪底阴晦潮湿之地都是众多燕子和水鸲的家园。它们穿梭自如,优雅敏捷,不在乎这里偶尔有的滚滚落石,而我们就算戴了安全帽,也还是心有余悸,战战兢兢。人类有开山凿壁的智慧和勇气,但单独面对大自然的时候,又是这般的无能和脆弱。难道正是因为这种恐惧,我们才拼命地发展科技,然后挥舞着机器之剑,带着报复和炫耀冲向原本对我们毫无恶意而且恩惠有加的大自然,将其砍得遍体鳞伤? 问题是即便如此,我们的内心并不能有丝毫战斗胜利的快意,只能强装笑脸,在担心大自然的报复之中惶惶不可终日。曾经为中横公路建成而上下欢庆、骄傲不已的台湾，如今放弃了将中横公路作为主要的交通干线，因而这里只剩下游客和探险者的足迹。正是这种放弃导致我们必须绕道台北才能到此，这段"冤枉路"是台湾在自然环境面前谦卑态度的体现，而这种谦卑才是真正值得骄傲的所在。

太鲁阁大峡谷靠近太平洋一侧的植被比较丰茂，步道头顶到处都是鸟儿翻飞的身影。那些婉转的歌喉、娇美的身躯，一次又一次地吸引我们。满树的黑短脚鹎张开猩红的小嘴在合唱，星头啄木鸟敲得枝干"哪哪"作响，古铜色卷尾辉光闪动的羽翼让峡谷里的阳光终于找到了用武之地，还有那打翻了调色板，把棕红与黑、白揉在全身的杂色山雀，以及如春草般青翠的绿背山雀。这一路登攀，有了它们相伴，满心都是欢喜。

山中天气多变，中午时分的一场大雨将我们阻在休息站里，正好得了机会和这里的山民聊天。山民性格爽朗，而且颇为健谈。四周山顶雾泄如瀑，我们坐在瀑底的小木屋内，宛若身居世外桃源，杯盏里高山茶香气馥郁，众人闲谈东西如旧邻老友。

在台湾旅行，很少有出远门的感觉，因为有同样的语言、同样的小吃，同样的太多太多。可隐隐中又有那么多不同，例如他们的闲适，他们对陌生人热情的问候，他们日常言语的低声，他们对政治斗争的淡淡然，他们对历史的清醒，还有，他们对环境的关心……

太鲁阁大峡谷入口不远有一座长春祠，奉祀的不是神灵，也不是名士将帅，而是为了建设中横公路而献身的42个普通修路工。他们的生命已经化成祠堂下永不枯竭的跌瀑，成为立雾溪的一部分，与中横公路做最后的缠绵。

花莲太鲁阁，这是一个你一定要去的地方——去看山水奇迹，去看人间真情。

杂色山雀（AT 摄）

# 台湾雪山的黑长尾雉

它紫衣如墨，仰脖挺胸

眼周红若血色朝阳，眸藏繁星

犀利的眼神左蔑右扫，长尾如佩剑悬腰

气宇轩昂果真一派帝王风范

　　台湾的雪山风光究竟如何？我们心底并没有数。雪山有什么鸟非看不可？众人心底却都透彻清楚：自从新台币1 000元的大钞上黑长尾雉（台湾称其为"帝雉"）傲然的身姿取代以往的威权人物的头像之后，它早已在当今的台湾拥有无人不知无人不晓的显赫声名。只是这黑长尾雉毕竟是一百多年前才被发现的稀罕物种，如何就可轻易见得？好在我们有台湾"鸟爷爷"之称的吴森雄老师带队。吴老师今年七十，一头短顺银发，面容慈祥，满肚子都是与鸟儿有关的故事。听他娓娓动听一席话，往往胜过读上十本书。吴老师聪颖又不失幽默，三言两语之间，便可让众人在开怀大笑之际忘却七十拐八十弯的山路所带来的晕厥之感。然后，车，忽然就停了下来。

　　我们陆续下车，因为路下方的山林就是黑长尾雉经常出没的地方。这个时候，黑长尾雉往往会因为觅食而走上盘山公路，这也正是欣赏它们的最佳时机。只是等待良久，别说黑长尾雉，就连常见的林鸟也不曾看见一只，众人心底不免狐疑。眼见这山中雾起，如此守株待兔也不是个办法，于是悻悻然登车继续上行，并"口是心非"地互相安慰起来。山间的雾越发地浓重，竟然将我们的车包裹了起来。好在司机忻师傅驾驶技术十分老练，在我等尚且忧心忡忡之际，车已穿过那厚重的雾层，眼前光芒万丈，豁然开朗。

地上是什么？宛如古龙武侠小说中的陆小凤，身披锦衣，眼灿如星，上有白眉若新月，下生白须似柳叶，上蹿下跳，来去自如，一身好轻功！枝头上又是什么？好似小说大家金庸先生笔下的孤独求败，傲立枝头岿然不动，一袭玄衣偏又装饰得斑斑点点灿若星辰，一开口便是让人听得心惊胆寒，噤不言声。玉山噪鹛的娇美真不是盖的，星鸦的酷帅也非浪得虚名。刚才已经憋坏了的快门一时间高歌猛奏，直到它们厌倦了做众人的模特，翅膀一扇，都去了云外。

有了两条新纪录垫底，众人趁着热乎劲一直爬到雪山山顶的天池。那酒红朱雀虽然颇为给面子地从灌丛下跳出来，却架不住一阵浓雾急袭，闹得大家伙干瞪眼。无奈只能继续对着身边乱跳的玉山噪鹛一阵"狂轰滥炸"，直到小数码相机也都拍成爆框为止。山高风寒雾重，身子有些凉，此时一碗热乎乎的笋干汤不啻琼浆玉液，滋身补气。山顶的小木屋内，我们就这样做了一回饕餮客。

美食不仅能让口腹之欲得到满足，更能提足精气神。这不，好吃的刚下肚，我们的不死之心又都萌起，再度回到黑长尾雉的出没点蹲守。安逸啊！不到5分钟，黑长尾雉雄鸟从我们侧后方的山林中突然出现，起先略有迟疑，随即踱开方步在公路上横穿起来。只见它紫衣如墨，仰脖挺胸，眼周红若血色朝阳，眸藏繁星，犀利的眼神左蔑右扫，长尾如佩剑悬腰，气宇轩昂，果真一派帝王风范。等雄鸟在路对面开始觅食后，雌鸟也紧随而至。尽管与雄鸟相比，雌鸟已是铅华褪尽，却依然在低调中蕴藏着奢华：羽纹细腻多变，褐、赭、红分染有序，步履端庄优雅，绝不似有"野鸡"之称的环颈雉那般急促慌张。众人拍得屏息难耐，拍到俯卧在地，拍到手酸腿软，依然不肯罢休。

黑长尾雉雄鸟

晚餐是表达心满意足的最佳时

刻,一干人在餐厅里尽情地放开肚量。回到入住的森林小木屋,整好床铺,心绪在木头芳香中渐渐平静下来,方才发现这大山侧处的休息区,对面高山横立,下临深邃幽谷,被高树茂林从三面紧紧环抱。夜深后,周围有奇怪的叫声……(第二天,鸟友"人字拖""鹰will""凌飞鹤"和我带着难以遏制的兴奋告诉其他鸟友关于昨夜的发现,激发了大家夜巡的热情,所以便有了众人后来在阿里山的一段难忘经历,但暂且按下不表。)

　　无需宾馆的叫早,第二天我们都起了个大早。天还没怎么亮,走在森林小屋之间的木栈道上,旁边的灌木丛中传来鸟儿跳动的声音,但看不清究竟是何模样,恍惚间有个明亮的东西闪过;几乎在同时,一种我从来没有见过的鸟儿的名字也在心头闪过。等到一番捉迷藏的游戏结束,它宣告胜利地跳到了横枝之上。眼下的黄斑犹如金色的油彩,黄绿色的翅膀在清晨柔和的光线下靓丽异常,不是黄痣薮鹛还能是什么?!看到了一只,也就不难看到它的伙伴们。这是一群奇特的精灵,颗颗明亮的黄痣犹如林间会飞的光斑,照亮了每个角落。这不,角落里竟然还藏着一个挂满无数鳞片的小"卤蛋",只是这个"卤蛋"会跳、会扑闪翅膀、会清脆地歌唱——小鳞胸鹪鹛就像个小娃娃,是每一个观鸟者都爱不释眼的小可爱。那边,在屋角排水沟边,一只除了两道白眉外几乎纯蓝色的小鸟,动也不动,侧影似绒球。可等你鲁莽地想要"一亲芳泽"时,它却在一瞬间钻进旁边的密林隐匿不见,任你千呼万唤却再也不肯出来。蓝短翅鸫就这样,用它形同鬼魅的出现和消失,让你感悟人生的悲喜交集。

　　还好,有一群欢乐的褐头凤鹛来抚慰我的心灵!仿佛被大自然某种节奏指挥着,它们从这棵树飞到那棵树,然后又窜到第三棵树上,一路唱着细细密密的歌儿,让我们的眼睛跟着它们在晨光下游历山林。说起来褐头凤鹛长得实在有趣,头羽高翘宛若熟女,髭纹缜密却如型男。先前见过它的照片多半是它在吃鲜红色的山桐子,觉得此鸟娇艳无比;今天在绿叶的映衬下却发现原来它素淡如篱下野菊。起先大失所望,再仔细想想,又颇得禅意。我更喜欢台湾人给它的名字——"冠羽画眉":有形无色,让人遐想联翩。

　　告别各色美艳怪异的飞蛾布满窗户的小木屋,我们盘山而下。昨天看了台湾的"鸟中之王"——黑长尾雉，今天怎么也该看看"鸟中之后"了。我们在车上讨论的话音未落，那蓝腹鹇已经踱步到了路边，搞得我们手忙脚乱。众人下车也不敢走远，又怕起身惊扰了它，没有好位置也来不及调整，先拍了再说。我们几个看鸟的要轻松很多，反正它就在眼前，用肉眼也可以感受到它有多么光彩照人：它就是纵然白发如雪却依然戴着大红墨镜，披着雪绸长巾，裹着彩虹装点的玄色套装，绝不放弃时尚领袖范儿的女皇。可它偏又是只雄鸟！ OK，那就屈尊做个"变装皇后"好了。没办法，谁让绝大多数的鸟儿，都是雄的比雌的艳丽呢！

　　好像老天爷还嫌对我们不够好似的，离开蓝腹鹇后车行不到一分钟，我们又遇到一群正在下山的台湾猴。几只先过了公路的雌猴与猴群大部队被我们的车隔开，显得颇有些焦躁不安，扑打着树枝哗哗作响。我们正纷纷举起相机拍摄这一难得的场景，忽然听到头顶传来几声长啸，顺着声音望过去，一只硕大无比的红面猴王正蹲在高枝之上呼唤它的家人。这猴王面盘周围的毛发皆为闪亮的银白色，山风与晨光共同雕琢出它威严的身影，你甚至可以看到它眼里充满关爱的焦急神情。这让我们意识到我们的出现已经打搅了它们，于是纷纷收起相机回到车上，然后看着这个家族的成员彼此间慢慢地靠拢，又在猴王的率领下，慢慢地离我们远去，消失在丛林深处。

　　雪山的柿子又大又甜，而这时节正是红艳艳的成熟季。在秋色渐染的山林间，我们的车一路向下，别了惊起的苍鹰，过了流水的吊桥，与聒噪的蛙类说了再见，和小燕尾做了深情告别，还有那先我们而去的绿鹭和不肯离开的红尾水鸲。台湾的雪山就这样把我们吐出了她的腹地，而南投县集集镇的台湾特有生物保育中心里，憨厚腼腆却又阅历了得的姚正德老师早已等着我们了。

蓝腹鹇雄鸟

# 阿里山的台湾山鹧鸪

山如眉峰，云似水袖
空气浸润在江南春雨般的雾气之中
茶农的斗笠上凝满小水珠
手里，是香气扑鼻的丰饶

　　阿里山，曾经美如水的姑娘已鬓染白霜，壮如山的少年郎脸上也满是沧桑。只有茶园依旧青葱，在白云流淌过的山谷，如一道道登天的阶梯，不知道要引领我们究竟去向何方。

　　阿里山的小火车因为2009年的台湾"莫拉克"风灾导致的泥石流停运了，神木村也因泥石流不幸被夷为平地。我们没有去"景点"，因为所有曾经游人如织的景点如今都布满伤痕——破碎的岩体、倒塌的森林、阻塞的河段。大自然的暴发让我们意识到，这美丽的宝岛，替大陆的东南海岸缓冲了许多巨大的挤压与碰撞。我想起途径高雄的时候，高速公路经过的台湾地质奇观——泥岩荒山。据说在入夜朦胧的月光之下，该处荒凉犹如月球，因此得名"月世界"。仅仅是惊鸿一瞥的远观，那草木鲜生、锯齿状的裸露山脊，已让人唯觉童山濯濯、孤绝崎岖不似人间。

　　恍惚间觉得，此行途经高山峡谷、跌瀑深海，何其壮美！然而，只需稍稍探究此等山川雄情从何而来，人类之渺小顿显！唯有以敬畏之心去面对自然，方可真正地体味她的深邃。

　　因为一场白云与群山妙曼的舞蹈，我们在路边停下了匆匆的车轮。洋燕不时飞入我们的镜头，又潇洒离去，并不曾给我们看清楚它那绯红

阿里山中很多地方都被开辟成槟榔种植园

小脸的机会。山如眉峰，云似水袖，空气浸润在江南春雨般的雾气之中，茶农的斗笠上凝满小水珠，手里，是香气扑鼻的丰饶。

盘山公路不知道绕了几回，海拔计上的数字高高低低地反复变化，最后，在一个寂静到可以听到心跳的山谷里，我们终于到了当地鸟导刘佳县的家——观星阁民宿。来不及整理行囊，我们就换上了佳县大哥的皮卡车，2个人坐在副驾驶位置，7个人挤在后斗的木板凳上；算上吴森雄老师，正好满满的一车。开车前，佳县大哥拿出一根铁横档放在车尾，示意我们抓牢。我们还没有回过神来，这皮卡车就已经飞驰起来。山路异常狭窄，两边植被相拥，不时地扫过我们的脑袋；路面起伏不平，皮卡车却不见减速，除了在一声更比一声高的惊呼当中享受着犹如过山车一般刺激，我们实在也喊不出别的什么来了。其实，叫得一声更比一声高的不仅仅是我们，还有台湾最隐秘的雉科鸟儿——台湾山鹧鸪，而我们此行就是冲它而来。

顾不得安下未定的惊魂，在佳县大哥的指引下，我们屏息蛇行，徒步穿过一片密林里的斜坡，然后躲到他事先架设好的隐蔽帐篷里，透过几道缝隙紧张地盯着外面的一小片空地。能否看到台湾山鹧鸪，就看我们的造化了。山中暮色早，外面林间的光线已然昏暗，帐篷里自然更是漆黑一片，另有蚊虫骚扰不止。那几个观察孔开得不高不低，拍鸟还成，看的话就得弯腰撅屁股，着实累人。如此窘境虽有心理准备，却也不免暗问：至于么？

当然至于！当台湾山鹧鸪穿过灌丛的"窸窣"声传来时，先前百般无聊的我们就像吃了兴奋剂一样极度亢奋起来。光线虽然不利于拍摄，但并不能降低快门按下的频率，也阻挡不了望远镜背后那一双双如醉如痴的眼神。这是一家九口，雄鸟比雌鸟稍微大一些，也更警觉。或许是快门声引起了它的关注，它不时地挺起灰色的胸脯，抬头四处查看。它眼下和脖子上的白色斑块在昏暗的林间格外醒目；侧翼三道淡灰色的粗大条纹算不上华美，却透着低调的贵气，像各国备受尊敬的第一夫人。这9只台湾山鹧鸪在眼前来回踱步觅食，搞得我一时间颇有些眼花缭乱，不知道究竟该欣赏哪一只才比较好。喜悦来得太剧烈，以至于我们都显得有些慌乱，拍照的忘记调整技术参数，看鸟的，如我，也是过了良久才注意到：或许就像任何女人都无法抵挡水晶鞋的诱惑一样，在台湾山鹧鸪朴素的羽衣之下竟然还藏着一对鲜红色的长脚！

林间雾气终于凝结成雨水落下，打得帐篷顶上一片哗哗作响。台湾山鹧鸪已经远行，我们也终于从黑暗的帐篷里走回已经同样黑暗的森林中。已经看不清彼此脸上的笑容，只能自顾自地心底觉得甜得慌。我们被佳县大哥一一"装车"，然后在黑森林里又掀起了一场颠倒肺腑、混杂各种大呼小叫的笑声。车停下来的一霎，我清楚地听到森林里传来台湾拟啄木鸟对我们不满的嘲笑。

我们是要与佳县大哥喝几杯小酒的，而席间的美食并不耽误吴老师讲故事。故事缘起佳县大哥美丽的妻子，她从都市嫁到深山，面对每日打猎回来烹制美味野鸟的夫君，曾经轻轻地问了一句："这么美丽的东西，若是都被吃了，我们的孩子们还能看得到么？"曾经的猎户佳县大哥从此回头是岸，立志保育山林生态。经年的坚持，不仅改变了族人陋习，还赢得四方认同，齐力将深山里的黑森林变成如今台湾炙手可热的生态旅游点之一。我翻了翻来此观鸟的客人们留下的观鸟记录，不到3年时间，除了台湾本地数百位观鸟爱好者的造访，还有来自世界数个国家和地区的观鸟和拍鸟爱好者50余人。厦门观鸟会是祖国大陆来此的第一批观鸟团，我并相信随着今后两岸往来的便利，定然会有更多的大陆鸟人造访。

除了观鸟，这里的夜游项目也精彩纷呈。在秋天并不常见的夜光蕈，却因为一场雨又催生出了几个，仿佛暗夜幽灵的眼睛，用魔力深深地吸引了我们的爱意。围着它的镜头需要排队，可无论怎么调整快门或是其他技术参数，它那翡翠一般的荧光都难以再现。终于小数码相机的微距战胜了单反的长焦，如萤火之光，似美玉雕琢，至于噪点大了些？"年轻人，要学会知足！"哦，好吧！

然后就是拍蛙。与鸟儿相比，这些模特太乖了，路旁、水坑边、大树叶下都不难发现它们的身影，而且就算用了闪光灯它们也不太介意。我们一个个拍到手软才想起拍的究竟是哪一种蛙都忘记问了！后来查了资料，是贡德氏赤蛙（即台北赤蛙）。

当然，如果只有夜光蕈和树蛙，黑森林也就不会如此名声大噪了。带上强力手电，我们走在山间小路上。手电并没有照亮湿滑的路面，甚至有人摔了个屁墩儿也没照着路面，光柱却都齐刷刷地都射向头顶的树冠——那里，是台湾鼯鼠（别名白面鼯鼠）出没的地方。

"树上的星星，是鼯鼠的眼睛。""鹰will"的眼神好，一手捂着摔疼的屁股，一手指着头顶："在那里，在那里！"树上两个亮晶晶的闪点，正是台湾鼯鼠打量我们这群人的好奇眼神。其实早在台湾雪山的那天晚上，听到奇怪叫声的"人字拖""鹰will""凌飞鹤"和我就外出苦苦寻觅，曾经在5米之内的距离目睹了台湾鼯鼠的可爱，只可惜当时唯一带了相机的"人字拖"激动得连声音都变了，也无论如何打不开他的镜头盖。"鹰will"和凌老师竟然完全没有反应过来，就那样木然地看着它张开翼膜纵身一跃，棕黄色的背部在灯光下转瞬即逝，无声地滑进黑夜的山林。此后，凌老师如同被祥林嫂附体，逢人便说："我以为是一只白猫后面蹲着一只黄猫！"

雪山的台湾鼯鼠很容易被发现，但那几棵大树枝繁叶茂，除了与我们近在咫尺的遭遇，基本很难有机会看到它们的全貌。阿里山的台湾鼯鼠就不一样了，我们仰头注视，它就蹲在树枝上，拖着长长的毛茸茸的大尾巴，偶尔迈开小脚走几步，翼膜好像褶裙在波动，洁白无瑕的面孔简直就是一位微笑的天使。台湾鼯鼠被光照到后通常一动也不动，这给了我们很好的观赏和拍摄机会。我们也担心它的一动也不动或许也是源于对灯光的恐惧，于是众人没有拍摄多久便匆匆收了电灯。面对自然，人类需要多点悲悯与尊重才能真正地与之共同相处。

如果说夜寻夜光蕈、蛙类、台湾鼯鼠和萤火虫都是这里生态旅游的常备项目，那么树枝上夜宿的台湾山鹧鸪就是真正的惊喜了。那山鹧鸪似乎也睁开了眼睛，可除了稍显烦躁的表情，全然没有反应，任由我们在它的肚皮下方拼命地按快门。白天看到台湾山鹧鸪已属不易，能夜观在台湾的观鸟史上这大概也是第二次，让没有随我们一起夜游的吴老师后悔不迭！七十岁的老人家毫不掩饰他的羡慕之情，连连说我们纯粹是"狗屎运"！嘿嘿！

"大雁"和"信天翁"都是快退休的人了，在各自的单位里又都是领导，平素自然是严肃的时候居多。估计两人是第一次夜里在野外玩得这么疯，像小孩子一样乐呵不停。说真的，除了喜欢欣赏大自然的各种美丽，我更喜欢看的便是人类的笑脸，那种纯粹发自内心的笑容不分年纪、种族，都如清泉水，可以洗涤一切烦恼。如果说我们这次台湾观鸟之行从黑长尾雉到台湾山鹧鸪真的是幸运，那这一路上陪伴我们的所有人的笑脸便是这好运气的真正来源。

一夜无梦的阿里山之眠被鸟儿的晨歌唤醒。我们又乘上那欢乐的皮卡车，不过这次最终兵分两路，其中我、"鹰will"和"岩鹭"沿着山路观鸟，其他人继续去隐蔽帐篷里蹲守和拍摄台湾山鹧鸪。其实刚刚分开，我们便看到一群台湾山鹧鸪正在路前方徘徊。领头的雄鸟发现我们后，竟然翅膀扑腾几下，近乎垂直地就飞上了枝头，其他的紧随其后，眨眼的工夫，刚才还在我们的望远镜里悠闲漫步的它们就已经毫无影踪。于是乎，在山路下方翘首企盼的其他鸟友们彻底郁闷了。据说因为久等不来鸟儿，"人字拖"竟然在帐篷里打起了呼噜。拍鸟拍到睡着，估计他是全国第一人了。"信天翁"后来跟我们说，看着他睡得那个香啊，要不是身子歪了都快靠到旁人的相机上，大家都不好意思叫醒他。不过呢，他们在那个"小黑屋"里也不是全然没有收获，白尾蓝地鸲至少在我国大陆东部是绝对的稀罕货。幸亏我在四川看过一次，否则也肯定会妒忌到牙痒痒的。

我们这一路，正如佳县大哥说的，鸟儿会吵得听不清你自己的说话声。这里的白耳奇鹛实在是太多、太能叫唤了。你见过威尼斯美女最常用的面具么？就是那种眼眶外带着一簇羽毛的样子。没错，那就是白耳奇鹛的模样。不过，眼前这位"美女"一点也没有淑女风范，在偌大的林子里到处乱窜,而且聒噪得像街头巷尾的长舌妇。记忆里那天早晨的林间观鸟,除了虽然身材纤细却令人眼睛一亮、艳如朝阳的台湾黄山雀,其他似乎都是些常见的鸟儿。可查一查当天的观鸟记录,清单上分明写着黄痣薮鹛、蓝腹鹇、白耳奇鹛、台湾棕颈钩嘴鹛、玉山噪鹛、台湾拟啄木鸟等众多台湾特有种。看来,此番台湾观鸟,至少我早已经饱到贪婪了。但是,作为一个鸟人,又怎么可能舍弃这渴望与更多的鸟儿眼神碰触的贪婪呢? 每一次意外又必然的相逢,都是那么令人愉悦。转角遇到鸟,转角遇到爱……

别了阿里山,尽管你用蛇雕、凤头鹰在我们能平视的角度盘旋、抖翅,为我们跳挽留的舞;别了阿里山,虽然你让一树的古铜色卷尾停留在台湾栾树红黄相间的枝头,为我们唱惜别的歌。可是,不得不别了啊,阿里山! 在这祖国宝岛之上,我们已经饮尽了高山茶的芳醇,指尖也沾满了秋柿的甜蜜,连眼眸也都被蝴蝶兰的娇艳占据,但在一水之隔的对岸,那里有一片又一片的山林,山林里一群又一群的鸟儿。它们还在等着我们的归去,更是等待一个如同阿里山的家园!

回到了台中,台湾野鸟协会的鸟友们每人带了一道菜,举办了一个小型的家庭聚会为我们践行。美食固然吸引人,鸟友们的真情才是最让我们念念不忘的。台湾的文化很讲感恩,其实那不过是我们已经忽略的文化的一部分。如今我们重新拾起,就像很多鸟儿会飞回父母身边帮助养育弟弟妹妹一样。我想,身怀感恩之心的鸟人们,也会因为这份感恩之情的力量,孕育出更好的人际社会、更好的自然环境和更好的未来!

第三篇

湖海听翼

　　本篇涉及的观鸟点多靠近湖泊、沿海湿地和海岛。这些地方生活着大量的水鸟，也就是鸟人常说的滨鸟和湿地依赖鸟类。大多数湿地同时也是风景如画之地，观鸟之余，美景当前，令人心旷神怡。湿地因其对水循环和污染物稀释与降解的重要作用，以及拥有异常丰富的物产，对人类而言是极其重要的生态系统，被誉为"地球之肾"，而地球绝大多数城市和人口也依赖湿地。然而，笔者观鸟十余年，很遗憾地看到很多自然湿地陆续遭到人类不必要的破坏，不免心痛。

　　幸运的是，近年来也看到不少地方政府和民众已经意识到问题的严重性，正联合起来着手湿地保育工作。希望尚存，你我均应努力不止。

# 如东滩涂的惊天鸟浪

这些坚忍不拔的调查员
就像坚守伟大承诺的鸟类
带给我们候鸟迁飞的真相
更像在这片茫茫滩涂上飞翔的鸟群
个体虽然相对渺小
但只要参与这个进程,伟大,早已不言而喻

　　从东海之滨来到黄海岸边,江苏如东,在厦门以北1 000公里的地方,让我重逢了海的味道。面对这熟悉而又陌生的滩涂,跟着上海和江苏的鸟友们,我开始了一次收获与艰辛并存的观鸟之旅。这里,只撷取几个片段。

## 堤 内 堤 外

　　堤外,远处海面上浮光耀金,近处潮水戏弄着互花米草的裙摆;堤内,如茫茫草原,几条被雨水冲刷出来的河沟蜿蜒其间。碧色青青,白水柔肠,在我眼底如散开的水乡遗韵。

　　堤外尚未被潮水的魔爪吞噬的滩涂是各种水鸟的乐园。有单立着腿、脖子埋在羽毛里休息的,也有直接卧在滩上睡大觉的;有追着招潮蟹一路小跑最后大快朵颐的,更不乏用扑腾的翅膀吓唬浅水区的小鱼儿然后饱餐一顿的。潮水总是企图慢慢地接近它们,而多数鸟儿一开始只是单腿向前跳上几步就接着眯上眼睛打盹,可架不住潮水犹如鬼魅一样的骚扰,最终不免烦躁起来,性子急的,猛地飞了,落在更靠岸的位置。这

一群白腰杓鹬从风力发电机边飞过

倒是便宜了我们,可以将它们看得更清楚,包括那倦怠又好奇的眼神。

堤内的草原之上有翻飞的黑卷尾,还有戴胜;胆小的灰头麦鸡只有靠拼命地嘶喊为自己壮胆才敢飞得很远;鸬鹚在空中的霸道还没有持续5分钟,就被游隼从上往下痛击一顿,灰溜溜地躲进草丛里再也不见身影。不知道是谁惊起一群斑嘴鸭,在天空中排成行,可惜我只能听见风力发电机巨大的转叶摩擦着空气的动静,再也辨别不出野鸭鼓翼的声音了。

此刻,烈日之下的海堤,水泥地散发着刺目的白光,而我们犹如骑着一条火龙而行。举目之处,风力发电机组如白色的巨人布满了这一地区,像火龙伸出的无数利爪,让人觉得可怖。没什么风,转叶转得并不快,有种"吱吱嘎嘎"的声响伴着我们往下滴汗珠的节奏。

## 白金戒指与小青脚鹬

我有一枚白金戒指。

那是在2005年,当时中国沿海水鸟同步调查首次开展培训。在东海之滨,除我之外的所有鸟人的欢颜已经映红了饭店的白色墙壁,因为他们全都看到小青脚鹬,但我错过了。带着沮丧,我默默地埋头苦吃,而那枚戒指,就是我从一条鱼的肚子里吃出来的。众人皆说这是上天可怜我,给我的补偿。多年来,这枚戒指成了我向所有新晋鸟人进行宣传的时候必讲的一个故事,一个关于机遇,关于得失,关于代价的鸟人的故事。

现在,两只身形微驼、浑身如墨点散开的小青脚鹬终于落入我的眼底。没有华丽的羽色,也没有动听的歌喉,一只冲着我们单脚站立,另一只卧在地上背对着我们。这两只此前被我误以为不过是色彩还不够美艳的"大滨鹬",低调但坚定地存在着。感谢鸟友"MC",他挽救了我这个多年的梦想。那一个瞬间,我在想以后是否还要继续讲关于那枚戒指的故事,而小青脚鹬忽然在滩涂上空看似漫无目的地来回飞了起来。"落下吧,让我再好好看几眼。"我祈祷着。然而,也就在那个瞬间我明白了,故事,还是要继续讲下去;只是,那将是一个全新的,关于执着、期待和希望的故事。

潮水无法抵达的滩涂上白花花的物体并非水波,就像我们身上出汗后的衣服那样,是被海水渗透后又迅速地蒸发所剩下的雪花般的盐渍。那盐渍的中心,有个乌黑的点,远远看去,如同大海哭干了泪水的眼睛。那是一具翅膀半张着的鸟类尸体,鸟友"壹鹤"把它捡了回来。它黑爪墨腿,铁嘴尖利,只有腹部略有些污白色,浑身犹如乌云盖雪,可那乌云之上,分明又仿佛被凌晨的万道光芒镶嵌了无数道闪亮的银边,直觉让我脱口而出"乌燕鸥"。拜台风所赐,上周浙江省才首次记录到该物种。"MC"说,这个应该也是江苏省的新纪录,不料却是以这种悲伤的方式。

这只惯于驰骋在南海之上的鸟儿尚未成年,随风千里飘零至此,却终究敌不过命运的摧残。在生命的最后那个瞬间,它选择了这片被众多水鸟视为天堂的滩涂,在大地的怀抱里静静地死去。它或许也有过挣扎,也留恋过天空,因为即便它的胸口已经贴向大地,它的翅膀也依旧张开。我们不希望它死得这般静默,于是"壹鹤"决定把它带回去做成标本,让它也可以讲故事。我们相信,它的灵魂里一定还寄居着曾经掠过的海风,而在拍打过海浪的翅膀之上,它那颗飞翔的心也一定还有很多故事要和每一位热爱自然的人去分享。

## "山鹰牌"紫水鸡

长江口地区的鸟友对于震旦鸦雀并不陌生,我却眼巴巴地每次回上海就在海边的芦苇荡里找来找去,但始终不得其踪,颇有"纵然虐我千百遍,我却待它如初恋"的痴心不改。一晃,便是5年。

再次感谢"MC"! 透过望远镜,这只震旦鸦雀仿佛就要"跳到我的碗里来"。

蜜蜡一样的厚嘴连着两道粗黑的长眉,豆圆的大眼描着灰色的眼黛,层层叠加的尾巴仿佛屁股后面挂着一座黑色的玲珑宝塔,浑身泛着近乎绣红色的羽毛宣告着此刻的它正精力旺盛。听到那一连串摇碎铃般的声音,觉得它是在向我致欢迎词。或许,是我自作多情了吧?

震旦雅雀在芦苇秆上左摇右摆地跳跃着,由下而上,然后做杂耍一般一停一顿,再连跳带滑地由上而下,萌翻你没商量。这是一种只要看上一眼,便会在让你心底满满都是欢喜的鸟儿。那欣喜可以一直涌到你的脸上,然后荡漾开来,又映到这些已经见过无数遍震旦鸦雀的本地鸟友们嘴角。

让众人欢笑的不仅仅是鸟,还有糗事。鸟友"冲浪板"是个好人,每次发现好鸟总是让我抱着单筒望远镜先过瘾。我见他走到大堤另一侧,也跟着过去,告诉他说我已经看好了。他说不着急,先看看这边,我说也好,便一同用双筒望远镜向百米开外的河

震旦鸦雀(村长 摄)

道边的草丛里搜寻。

"鸡！""冲浪板"喊了起来。

"在哪？在哪？"

哈，看见你了！在水边的草丛里，探着个红脑袋，灰蓝色的胸口。水草遮挡、远距离和激动，还有炙烤的日头让我昏昏然大喊了一声："紫水鸡！"

顾不得看第二眼，我转身冲到还在大堤另一侧的众人背影继续高声喊："紫水鸡。""MC"一脸迷惑，"壹鹈"抱着单筒望远镜就冲了过来，阿汤哥也赶紧去车上拿相机。可是，等我们定睛一看，这个已经完全走出草丛并在水边如闲庭散步的家伙，红褐色暗纹的背，黑白纹的腹部，棕头灰脸，分明是如假包换的灰胸秧鸡啊！

"山鹰牌紫水鸡！""MC"冲我直乐！可怜我的"一世英名"，就这样生生地被自己给毁了！

不过，这灰胸秧鸡也算稀罕之物，"冲浪板"更是第一次见。要怎么说呢？好人就有好报嘛！

## 下　滩　涂

最后一个滩涂了，而这也是最重要的滩涂。下车的时候只看了一眼，感觉"吓傻了"。

我不是没见过滩涂，但至少所见过的滩涂再怎么大，肉眼还能看见远处潮水翻腾跳跃的银线。可这眼前的滩涂根本望不到边，白色的天空直接就生硬地扣在灰黑色的滩涂上；海草也不茂盛，稀稀疏疏的；渔民留下的巨大而扭曲的拖拉机轮胎印仿佛是玛雅文化里的神秘图符。

我们是来做鸟类调查的。要搞清楚鸟种，要数明白数量，这得向哪里走？走多远？

看着当空喷火一般的太阳，"真的要下滩么？"我小心翼翼地问了一句。

这些不懂风情的家伙，一个说"必须"，一个说"显然"。自恃在厦门海边也常常因为看鸟对阳光无所畏惧的我，此时低头看看短衣短裤拖鞋的自己，无奈也只能无力地抗议："我会被晒死的！"

"冲浪板"递过来长袖和户外围巾，"MC"把他那剩下的防晒霜用力地挤出最后一点给我，"壹鹤"则说："拖鞋没有问题，好走的好走的。"

郁闷！听不出我就想坐在车上吹吹空调的意思么？遇到这样的队友还说什么，索性连相机和双筒望远镜也不带了，扛着单筒望远镜，走吧！

真的辛苦啊！走着走着，回头看一眼，那距离就连往回走也已经变得不再令人期待了。我问："一般要走多久？""MC"说："通常来回走五六个小时，再看一两个小时吧！"我两腿一软，脑海里响起一句改编的歌词："我的肩膀很痛，我的包袱很重，我扛着面子流浪在鸟人之中……"

可是，唯有继续向前，因为，鸟还在前方。滩涂很大，我们就像走在朝圣的路上；虽然艰难，但不会改变方向。然后，忽然之间，鸟来了！

铺天盖地的鸟啊！先是小小的黑点占满了天空，仿佛乌云活了，分开又汇合，四散再集聚，变幻莫测。渐渐地，那些原本的小黑点可以分出大小和色彩，甚至能看到身形了，而阳光硬生生地把它们彼此的影子刻在对方的身上。越来越近了，黑嘴鸥、大杓鹬、大滨鹬、铁嘴沙鸻、环颈鸻等水鸟"呼啦啦"的鼓翼声盖过了风车的嗡鸣，像潮水一样涌过来，包围着我，让我环顾四周不知所措，只觉得天地都随着它们一起旋转起来。我恨不得也要生出翅膀，去和它们一起踏上这伟大的迁徙之旅。我对身边的鸟友们说："来到这里，我很感动。"再无言语。

不到半个小时，我们就看见十几只带有不同国家和地区的

滩涂上空大群水鸟组成鸟浪

旗标的候鸟。这批候鸟大约有十多种，总量在2.5万只左右。我想给这些鸟友拍工作照，这才想起自己并没把相机带在身边，于是就向"壹鸻"借。没想到他的相机配的是长焦的定焦镜头，我只好不停地往后退，可直到身后已经是无法逾越的满是海水的沟渠，还是没办法把他们都融入同一个画面里。于是，我将镜头对准了他们的脚——满是泥泞，一步一步丈量着这片堪称横无际涯的滩涂的脚。这些坚韧不拔的调查员，就像坚守伟大承诺的鸟类，带给我们候鸟迁飞的真相；更像在这片茫茫滩涂上飞翔的鸟群，个体虽然相对渺小，但只要参与这个进程，伟大，早已不言而喻。

又来了一大群鸟儿。正想看个究竟，老天爷似乎是有意为难我们，身后忽然间乌云翻滚，大雨即将来临。那乌云聚集的速度令人瞠目结舌，目光所及之处，全都是黑压压的。在这平坦的滩涂上，我们是绝对的制高点，所以必须赶紧撤离。光是下雨还好，若是遇到雷暴，我们几个只怕要命丧黄泉。

大自然展示它的威力从来都是以你想象不到的方式：就当我们在挥汗如雨、热得几乎中暑的情况下扛着单筒望远镜往大堤飞奔的这会儿功夫，狂风已经先期赶到了。只用了几秒钟，所有的热气似乎被风吸走了一样，刚才的炙烤瞬间变成了冰冷，浑身打起冷战，鸡皮疙瘩都起来了。

整个区域里所有的风车都开始疯狂地转动起来，那可怕的轰鸣声响彻整个海滩，仿佛是魔鬼得意的咆哮。回去的路也因为这段时间潮水的变化，变得更加迂回难走。

幸运的是，已经飘落在海滩上的大雨并没有落在我们狂奔回去的路上。直到我们终于回到大堤，那雨才与我们一直提到嗓子眼的心一样，"哗"地一声猛地落了下来！这下，"冲浪板"可以不用花钱洗车了！

再看那海上，天空已经是乌黑一片。心魂未定的我忍不住问自己："下次若还来，还会下滩么？"

亲爱的读者，如果你也和我一样喜欢自然，喜欢观鸟，喜欢将这其中的故事讲给别人听，你会下滩么？即使夏有炎炎烈日、冬有凛冽寒风？

# 烈日下的南汇滨海湿地

黄斑苇鳽是芦苇丛上空最忙碌的旅行者
覆羽的黄与飞羽的黑
定是用最后一抹霞光的绚烂与黑夜交织而成

鸟人在夏季通常都是寂寥的。烈日当空,鸟影难觅,很容易让人疲惫。那股在春秋冬三季里滋养出的狂热的观鸟劲头,此时远不如手持一杯"summer wine"[①]躲在空调屋子里看鸟类纪录片更有诱惑力。

可是我好不容易才从厦门回一趟上海,不出去看鸟,岂不是罪过?所以当鸟友"石在水"给我发来短信,问我是否愿意去参加南汇滨海的水鸟调查时,我欢天喜地赶紧回复说一切尽听吩咐。之后上网查资料,一看,南汇的水鸟记录中有不少是自己不曾见过的,便在心里打起了小算盘,琢磨着定要添加几条个人新纪录才算不虚此行。入夜,没有梦见鸟儿,醒来一想,这是好兆头——此行必是有鸟在望,不用梦了。

莘庄地铁站南广场,见到老帅哥"石在水"和小帅哥"南瓜派"。没啥好寒暄的,直接上车出发。天下鸟人是一家,我与他们虽是第一次谋面,鸟语一开,叽喳几句,便已如同老友。

一路不表。等车过了黄浦江,渐渐地靠近海边,芦苇荡才多了起来。

---

① *Summer Wine*(《夏日美酒》)是一首20世纪60年代的经典老歌,作者是李·海若伍(Lee Hazelwood),首唱者是南茜·辛纳特拉(Nancy Sinatra)和李·海若伍。此处的"*Summer Wine*"指啤酒。——编辑注

云很低，一簇簇仿佛散开的白莲花，飘在我等俗人的头顶。芦苇在眼前摊开无穷的碧浪，星罗棋布的池塘洼地散播着粼粼的水光；大堤是一条直线，在博大而宽广的蓝天和浑黄不清的海水之间倔强地分割着不同的世界。只有我们是这处世界的异数，扛着单筒望远镜，在本不屑我们这般渺小的宏大格局里，艰辛而快乐地行进着。

芦潮港西部的芦苇丛面积相对较小，滩涂的面积也有限。似乎只有白鹭比较垂青此地，而一只中杓鹬已经令人兴奋不已。不期然就在收工之际，两只灰头麦鸡突然出现，"南瓜派"高呼"新纪录"，"石在水"也微笑点头，竟也是他在此地的新开张。我很得意，吹嘘自己的鸟运向来不错，定能让他们也沾几分光的。一伙人欢天喜地去了芦潮港。

那座港口出海处的长桥是个好地方，远远地便看见有大家伙在桥墩下飞来飞去。正是先前路上一只一闪而过，让在车上的我惊呼"斑鸠？不！隼？不！我去，这啥玩意啊？"的鸟儿。此时它正掠过芦苇上空，姿态轻盈却透着狡黠，双翼似收又展捉摸不定。我还在发愣，"石在水"说了一声："大杜鹃！"这才恍然大悟，这家伙正在寻找东方大苇莺的巢去下蛋以便寄生呢！"南瓜派"的收获也不小，我还没看到小鸦鹃影子，就先见到这人已经笑容满面。他那得意的劲头，是"找抽"的架势。

忽然听到四下里传来短促而重复的鸟鸣，我问"南瓜派"，他很有些漫不经心地告诉我说："棕扇尾莺。"我一听就立即无比激动。"南瓜派"自然不明白这对我的意义。这鸟本不稀罕，可在厦门观鸟已经四年了，我对它的渴望就像是陷入绝望的单恋。当年鸟友"林鸮"带我去看它的承诺曾给我最后的一线希望，却也随着那一片棕扇尾莺曾经栖息的稻田被推土机彻底搅翻而化成泡影。真是"四年求一鸟，闻声泪满面"啊！这个小家伙并不老实，要么在空中让你无法看个究竟，要么落下来躲入芦苇里不见踪迹，直急得我几近抓耳挠腮，心如蚁噬。终于感谢鸟神，它唱也唱累了，跳也跳不动了，侧落在一根高高的芦苇上。望远镜里，它娇小玲珑，白眉如画；粉腿纤纤，扇尾轻摇。真是爱煞人也！

怎样才能让我的心情平静下来呢？这是不可能的！因为一只小鸦

鹛已经探出黑漆漆的脑袋，用它那特有的带着金属质感的鸣叫将我呼唤。白翅浮鸥刚刚掠过，翩然一羽后又见灰翅浮鸥的秀雅。黄斑苇鳽是芦苇丛上空最忙碌的旅行者，覆羽的黄与飞羽的黑，定是用最后一抹霞光的绚烂与黑夜交织而成。它似乎还担任着湿地世界里的信使一职，负责告诉这里每一位隐居的市民："今天，有客来访。"于是，一个巨大的身影从芦苇中悄然升起，在我们面前无声滑过。我尚且来不及请教它

棕扇尾莺

的尊姓大名，就已被它的眼神折服。悠然而高傲，世界的一切仿佛尽在它周身之外，而我等，不过是无法飞翔的蠢物。"石在水"忍不住喊了出来："大麻鸦！"激动已不足以表达我此刻的心情！其实，当时我那一瞬间的感觉却又是无比的轻松。这是一只其貌不扬却又深具魅力的谜一样的鸟儿，它的出现让我觉得今天此行哪怕就此打住也足矣。然而，偌大的南汇、苍茫的东海所能给我的，又何止是这么一点点惊喜呢？

车过了芦潮港，大洋山仿佛近在眼前。东海大桥如一丝琴弦拨动着天地之风，奏出那潮海之音。普通燕鸥高翔其上，恰似散落的音符。

海风直袭，芦苇无际，碧浪狂翻，绿涛层涌。那些鸟儿或是随风翻跹，又或者干脆岿然不动，任由那调皮的风儿翻乱它们的羽毛，神情怡然自得，仿佛在享受着风的按摩。黑水鸡多得数不过来，小䴙䴘乖巧依旧，悠闲地玩着潜水游戏。白骨顶个头不小，却心细如发，做父母的总是紧紧地围绕在子女的周围，不肯远离。

大治河弯又长，而河道南面的芦苇荡里，十来台巨大的风力发电机高高地耸立着。这让我想起西班牙作家塞万提斯小说中的主人公堂·吉诃

德，他试图挑战风车，以证明上帝给予了他搏杀魔鬼的力量。面对着竖立在路边的"南汇滨海禁猎区"标牌和不远处的"港湾建设用地"招牌，我知道，眼前这因为围填暂时造就的青青世界，除非被划归保护区、拆掉大堤或者打开闸门，否则不用几年就会干涸并最终硬化成一片荒土。禁猎区不是保护区，建设用地或许早晚要被开发。我真希望自己可以跨上一匹战马，去与那虚妄的世界搏击一番，但是……我真的能够么？堂·吉诃德的悲剧并不是在于他的愚蠢，而在于他根本无法做到去面对真正的敌人。

观鸟的心情本不该沉重，于是那只精灵般的崖沙燕飞过来了。它用俊秀的身形和杂技般的空中表演抚慰着我，让我从悲哀中欢欣起来，在随它飞舞的眼光中忘却那些不确定的将来，把面前的碧水蓝天收拢在心，就像它胸前的那道环带一般，相守永远。不只是这个小精灵，那草鹭也忽然冒出来。草鹭有着苍鹭的泰然自若，却又多了一分灵秀。凤头䴙䴘很多，这让人觉得很奇怪，本该是冬候鸟的它们竟然在这里也开始繁殖，而且不亦乐乎。仔细看去，忽然间"明白"了：这辛苦忙碌、带着孩子到处转的都是雄性凤头䴙䴘。在上海，女人当家的多。想来定是某只聪明的雌性凤头䴙䴘知道了这方世里的人情，于是几番转告，便都留下来了，而那些可怜的雄鸟们也只好妇唱夫随。

夏季的上海鸻鹬数量不多，但种类并不少，望远镜里看去四五只竟然就没有重样的，这让人统计起来非常头疼。"南瓜派"放弃了，我也几乎败下阵来，好在"石在水"是高手，大家一起努力，最终还是摸了个底。

凤头䴙䴘（村长 摄）

黑腹滨鹬的繁殖羽很显眼，我时常怀疑它是被偷锅的贼摸过肚皮的。除了几只中杓鹬，大杓鹬也有两只。与白腰杓鹬相比，大杓鹬的羽毛偏皮黄色，俗是俗了点，却也别有风味。要说黄得最精彩的自然是金鸻了，它贵气十足，浑身黄金闪闪，胸侧黑色的大"S"形的羽毛如同贵妇人的披肩一般。

黑翅长脚鹬惯以优雅著称,偏偏今天这几只屡屡狂躁不安,仿佛身边的鸟儿都是宿敌一般,奋力驱赶。直到我们看到两只黑翅长脚鹬小宝宝正在蹒跚学步,这才明白过来它们的举动——护幼之心,天下皆通啊!

鹤鹬和斑尾塍鹬其实在厦门菊江就有,我却在千里之外的上海才将它们收拢进账。斑尾塍鹬是飞行高手,科学家曾发现,一只代号为"E7"的斑尾塍鹬雌鸟用了8天的时间,不吃不睡觉,连续不停地飞了11 587公里,斜跨太平洋,从美国阿拉斯加一直飞到了新西兰。我们在赞叹与惊讶的同时,仔细想想,这一路又有多少我们无法体会的艰辛!鹤鹬正长着繁殖羽,看上去墨如黑铁,两条腿好似刚刚锻造出炉的钢条一般异常红火。这只鹤鹬很孤单,虽然正当年,却因为没有跟上北迁的大部队只得形影相吊。

有黑就有白。除了琵琶一样的独特大嘴,黑脸琵鹭黑的其实只是脸蛋,浑身却是洁白无瑕。白琵鹭呢,干脆脸蛋也不黑了。此刻它们正混群在一起。我没有想到在上海还能看到黑脸琵鹭,以为它们不在朝鲜半岛的"三八线"附近就是会直接飞到福建、台湾和香港一带。那些琵鹭也许是偷渡客,不久便纷纷隐匿在一片草丛中,又统统地扭头把脸埋进翅下,跟做错了事情一般羞于见人。这可苦了我们,那几只的脸蛋到底是白是黑还没来得及仔细看呢!

观鸟虽好,肚子却不管不顾地定时就要造反。可是,眼前的鸟儿又让我们如何肯离去?先灌个水饱对付对付,然后继续。脚晒疼了也就是脱层皮嘛,这鸟儿若是飞了,你望而兴叹依然无法挽回。等到我们几个终于扛不住的时候,一看时间,已经是下午两点了,于是找到一家小饭馆,先来一大罐冰镇可乐消消暑气,然后就如狼似虎地风卷残云了。

在回去的车上我睡着了,忽然觉得一只草原雕扑面飞来。惊醒了才发现,放在车上的最新一期《中国鸟类观察》的封面照正是草原雕。

白琵鹭(林子大了　摄)

# 奉贤滨海湿地里的惊喜

从小我们就被教育"做人不要翘尾巴"
可它是鸟啊
才不管这一套呢

"石在水"跟我说今天应该能看见斑脸海番鸭，我紧握他的手说："不会吧？！""石在水"又跟我说今天还应该能看见小天鹅，我摇着他的肩膀、口水几乎喷到他脸上说："不会吧？！""石在水"还说前几天有人看到好多角䴙䴘，我拉着他就钻进车："别废话了，赶快走人吧！"

后来我那个后悔啊！因为我的几句"不会吧？！"，一切就真的就成了"不会吧"！黑的番鸭、白的天鹅、酷的䴙䴘，统统连影子都没瞧见。跑了上百公里，说来真该郁闷的。但是，"失之东隅，收之桑榆"，此行其实仍然兴致高昂，一路几乎都笑得合不拢嘴。

且听我慢慢道来。

车到了奉贤的海边。那海实在没有什么看头，就是稀点的黄泥汤。倒是堤内的芦苇荡还有几分别致——大小水坑间或相连，映着蓝天如碧镜洒落人间。硕大的风力发电机组强有力地"嗡……嗡……"作响，让人觉得自己甚是渺小。不过，正因为人之渺小，方能感悟天地之大，才可心生羽翼，于天地间徜徉不息。所以，当一大群鸬鹚在滩涂上猛然起飞的时候我们才能泰然处之，觉得它们不过是与我们同乐，不会如游客那般诧异不已。

　　可是，面对大自然给予的不期之遇，我们又何尝真的能够镇定自若？

　　有些小鸟在芦苇间飞速乱窜，叫人眼花缭乱不辨其形。好不容易一两只在芦苇枝顶落定，诱惑着你刚举起望远镜，它们却又一溜烟不知道藏到哪里去了，真是急死个人了！费很大劲，终于看了个影子，大约知道是鹀。

　　听声音不是灰头鹀，而且颜色颇淡，琢磨着这芦苇丛中的鹀会不会就是苇鹀。心底想着，嘴上也就说了出来。"石在水"接口道："很可能啊，苇鹀这里不少的。"他此话一出，我二话没说，扛起单筒望远镜沿着大堤就向鸟儿降落的地方飞奔。那鸟可怜我，怕我跑太累，于是双翼一收，在10米开外的芦苇上来了个紧急迫降，而芦苇秆晃悠悠地就如同我七上八下的心。赶紧地，三下五除二架好望远镜便凑上去：淡黄色的身躯，褐色的背纹，黑乎乎的小脑袋，果然是它！首战告捷！

　　苇鹀才看过瘾，一旁的小水坑里突然跳出两只黄鹡鸰来。这个黄鹡鸰的亚种与我在福建看过的有些不一样，背部要绿得多。正想要看仔细，在水坑和滩涂间跳啊飞的黄鹡鸰，忽地又钻入一丛互花米草。然后，镜头里三只奇怪的鹀在黄鹡鸰的消失处神奇地出现了。

　　细细的胸纹，明显的眉纹，显然是我不曾见过的。它们在一旁的小水坑里表演起了觅食舞，踱着"之"字形的舞步，脑袋上上下下紧扣节奏，把那原本占据水坑的几只黄鹡鸰和白鹡鸰挤得没边没谱地靠边站。我先前偷懒，没带鸟书出来，这下傻了眼睛。还好有"石在水"，而这里毕竟是他的地盘，他随意地扫了一眼说："水鹨。"耶！又收获一条个人新纪录。

　　不过后来仔细想想，这鸟其实早几年在海门岛见过的，只是那时候功力尚浅，并不能相信自己的眼睛罢了。

苇鹀（村长 摄）

如今总算看得真切,也算是弥补了当初的遗憾。吾心足矣!

这个小地方还真是块宝地。那水鹨才表演完,突然间一个立着身子、翘着尾巴的小东西从芦苇丛中跳出来,在滩涂和水坑之间撒欢地蹦跶。从小我们就被教育"做人不要翘尾巴",可它是鸟啊,才不管这一套呢!它的尾巴不是翘,简直是撅了起来,小屁股上的绒毛露得那叫一个彻底。等它终于转过身来,胸口熠熠生辉的一红一蓝两道项圈正式表露了它的身份——蓝喉歌鸲,又名蓝点颏!那项圈着实有意思,看上去跟旧时有钱人家的娃儿一般,显摆得不得了。我感觉,人家之所以能翘着尾巴得意洋洋,也是知道自己实在够炫呢!

要不是当时心里还惦记着天鹅和番鸭,估计在那个地方我们还得待上半小时。不过因为已经收获颇丰,对天鹅和番鸭的牵挂不知不觉也就淡了几分。等到了原定的那一汪大水边,即便空荡荡渺无飞影,也不觉得是什么大不了的悲痛,心底略略叹口气也就算了。那积水原本应该很深,很显然这两天被人工放掉不少,所以天鹅和番鸭定然是已无法游弋,只得另觅新居了。

转过湖堤,隔壁尚有一个小湖,目测水稍深一些。远远地看到有几只鸭子在游,举起望远镜一看:"我的神啊!"竟然是一只中华秋沙鸭拐带了三只红胸秋沙鸭,不远处还有一只迷迷糊糊打着转儿的普通秋沙鸭。那中华秋沙鸭不愧是国宝级的,身着青花瓷一般细致精描的体羽,长辫子迎风飘曳,瞪着水晶球一样的大眼睛,红艳艳的长嘴带着弯勾在不时地往水里猛探,左一下一条小鱼,右一下一条小鱼。后面纤细灰暗的红胸秋沙鸭和黑白分明的普通秋沙鸭都看得傻了眼,只知道紧随其后,跟屁虫一般,在湖面上拖开长长的涟漪。我肯定是笑得春风灿烂,小天鹅和番鸭的缺席之憾早已云消雾散,心底只有满满的

红胸秋沙鸭(前雌后雄;村长 摄)

幸福,比那海潮还来得凶猛。

现在我自己成了翘尾巴的"蓝点颏"了,掏出手机就给厦门的鸟友狂发短信。我知道做人要低调,可禁不住咱"华丽地低调"啊!"岩鹭"回复说收获很大,"苇鹀"说不准刺激他,"小猫"说再吼明年就让同志们都来上海陪我过年。我说来吧,我这头顶正盘着一只白腹鹞呢!起先还以为是只普通鹭,飞近了才发现人家翅膀下干净得很,纹线明快,而普通鹭的腋窝里就像塞了块黑布一样;也没有白腰,脑袋圆溜溜的可爱得很。可你细瞧它的眼神,跟狼一样,凶着呢!我和"石在水"都不是拍鸟的人,两个人连卡片相机都没有带。10米,最多10米,振翅、盘旋、俯冲、翻起、急侧转,一连串令人叹为观止的表演尽收眼底。没能留住它的影踪并与大家分享,说实话,心底有愧,很有吃独食的罪恶感。

你晓得么,我脚下都轻飘起来了?要是再年轻些,简直就要像小朋友那样一跳一跳地走了,嘴里还会肆无忌惮地唱着歌儿。我感觉就像是海风把自己托了起来,在春天的白云里像花儿一样尽情绽放,给所有抬头仰望蓝天的人都报以最灿烂的笑容。

路程还远,前面还有什么好东西在等着我呢?芦苇无边无际,湿地里湖泊纵横,满江红和浮萍在水上尽情飘荡。风很暖和,几只小鸊鷉在水面钻来钻去。旁边那又是什么?一个黑头黑脑的家伙,它肯定是从北方来的,要不然怎么会是雪一样的身子,还戴着一顶东北的貂皮帽子,只露出豆大的小眼睛呢?这家伙比小鸊鷉还能钻,刚一冒出水面就又迫不及待地屁股一翘、头一埋,再度消失于茫茫水面。如此三番五次,不是鹊鸭又是什么?这可是上海有史以来的第二笔记录啊,我今天真是"人品爆发"!"石在水"也是喜上眉梢,眼睛都眯成了一条缝。怕打搅这家伙吃午餐,我们就这样远远地看着、乐着,连司机也都被感染得笑开了脸。

要说这司机,跟着"石在水"多次参加水鸟调查之后,如今也是半个鸟人了。开车行进的路上,他不时地扫着两边的鸟况,我误以为是猛禽的叫喊,他只瞟了一眼就说:"苍鹭啦!"搞得我相当惭愧。

简单而美味的午餐之后,我们去了奉贤的滨海国家森林公园。这家公园原本就是围海弄出来的滩涂,先前不适合种粮食,就广种苗木,如今林木森森,虽然从局部来看比较单一,但总蓄积量和总的植物种类都相当可观。加上水网如织,尚还在建设中的它,俨然又是一个鸟类的天堂。"石在水"说几年观测下来,此地记录到的鸟类已经有一百五六十种了,这可是个相当不俗的成绩。

我心里又打起了小九九,心想没准锡嘴雀这儿也是有的。"石在水"说:"有啊有啊,你注意看那高高的水杉枝头便是。"于是我顾不得酸楚就仰起脖子,然而等"石在水"喊"快看"的时候,却只见到一个远去的背影。这就奇怪了,我分明紧盯着枝头的嘛,怎么就没发现它呢?"石在水"说:"得看第二排的,这锡嘴雀又不是蜡嘴雀,很害羞的啦。"我这才恍然大悟,于是继续搜索。旋即一只鸟儿从深林间飞了过来,落在第二排的水杉树枝上。举镜一看,蜡嘴雀!不过这可不是福建常见的黑尾蜡嘴雀,而是黑头蜡嘴雀。你看它的浑身白里带粉,小嘴黄中泛橙,头上黑发不多却锃亮如墨,翅膀的黑斑根部在阳光下闪烁着普蓝色的光辉,比起黑尾蜡嘴雀来要神奇得多。没有看到锡嘴雀,有这条个人新纪录作补偿,也是一样的嘛!

功夫不负有心人。随后,我们被几只黄喉鹀和众多的树鹨、大山雀吸引进林子里。与树鹨的羞涩或大山雀的谨慎相比,高耸凤冠的黄喉鹀就像个浪荡公子,挑逗我们似的在身边窜来钻去,又跳上枝头高歌一番,不显摆个痛快绝不罢休。就这样随着它越来越深入到林中,那锡嘴雀终于闯入了我们的视野,比图谱上画得要漂亮精致得多:略带金属辉光的厚嘴,棕黄色的头羽,透着些许粉红色的身躯,淡锈红色的背部,黑白相间的飞羽,最妙地是它翅膀末端的羽毛,左右各有三个卷儿,在身后宛如一个蓝色的蝴蝶结,又好像喜儿大辫子上的头绳儿。缘来,竟然如此妙不可言!

奉贤滨海国家森林公园附近的海域还有很多鸭子,可我们费了很大周折才找到。这天大风呼啸,鸭子们也都躲进了水湾里。赤膀鸭、赤颈鸭、罗纹鸭、绿翅鸭、针尾鸭、凤头潜鸭等几百只聚集在一起,场面蔚为壮观。最漂亮的当属罗纹鸭，在阳光下熠熠生辉的头羽仿佛祖母绿一样凝聚了世间所有的翠，密织的纹路衬着长如蓑衣、形若新月的飞羽，看了又看，百看不厌。针尾鸭也不错，细细长长的尾巴支棱在身后，与纤细优雅的脖子构成一道完美的弧线，再配上脖子上的一弯月牙白，这鸟儿曲线之柔美，很让人怀疑造物主是一位女性！

森林公园里的梅花正在盛开，红的热烈，白的素雅，绿的明媚，而我们就在花香和春风中结束了此番观鸟之行。美轮美奂不

针尾鸭（村长 摄）

足以描绘今天的风光，欣喜若狂难以表达此行的感受。我把这与大自然贴近的幸福珍藏在心，带回来写成文字，试图与大家分享。可是，如果你不亲自走进这万物蓬勃生长的春光里，又如何能读懂我这笨拙不堪的文字呢？

愿这个春天，到处都有鸟儿的欢歌；愿这个春天，到处都播种鸟人们的幸福。

# 泉州湾的海鸟

看着它们鼓翼
我似乎听到发动机的轰鸣
这是源自生命的力量
所以惊心动魄,所以令人叹为观止

有时候,人不知道自己为什么就做出了一个那样的选择。

长久以来,迷茫一直困扰着我。就像现在,我已经无法弄清楚自己究竟身在何处。泉州闹市区?晋江市?或者是石狮市的某一个角落?可这又有什么关系呢?我能感受到的看似只有耳畔无尽的狂风和眼前怒吼的海涛,但因为还有那些鸟,那些在沙滩、水面和天空数不清的鸻鹬、野鸭和鸥,它们的真实是我的充实,足以让内心的希望源源不断。

洛阳桥是泉州的江海之间一道固执的坚韧。它横躺了千年,静待过往的路人和挑夫默默地走过四季;经历过无数的风雨,任由身边的红树林生了又灭。我从它的身边经过,不敢打搅这千年的修行,唯恐我的好奇让天地愠怒,在这狂暴的寒冬再给世间更多的严酷。

那些鸟是上天的宠儿,也是我们鸟人的心灵之神,它们自由翱翔于天地之间的快乐正是我们的希冀。几只黑嘴鸥混杂在大群的红嘴鸥之间,并不觉得自己属于少数派,同样欢快,在寒风凛冽中伸展着双翅,在浪尖与草甸之间将自己完美的飞翔嵌入天空的背景,让你无法不爱。中杓鹬显然要比白腰杓鹬特立独行得多,天这么冷,戴上一顶"小花帽",也不知是否管用。这片滩涂虽小,却是一个足以解决温饱的世界,你看它们兴奋觅食的身影就知道了。

蛎鹬大红色的长喙给这个单调的季节增添了许多亮丽，同样惹人注目的当然还有红嘴巨燕鸥，后者夸张的大红嘴像是初学化妆的村妇，一不小心用完了半截口红。环颈鸻混迹在数千只黑腹滨鹬之中，不过还是被一眼就辨认出来了。可爱的小家伙们，你们是躲避不了我们的"火眼金睛"的！灰鸻行事低调，不像它那个金斑闪耀的堂兄金鸻那般到处奔走炫耀，即便在数量上占据绝对优势，依然静静地逆风而立，似乎连觅食这头等大事都不太上心。还有白鹭、大白鹭和苍鹭，在见到丹顶鹤的身姿之前，它们对我来说就是优雅的代名词。尤其是飞翔中的苍鹭，缓缓而动的翅尖划着头顶，修长的腿上依然留有水痕；没有高亢的鸣叫，只有默然如风的大雅之态，让观者的心也想一同飞去，去那芦花的世界里寻找宁静的归宿。

野鸭，这些盛开在水面上的斑斓生命，第一次如此近距离地进入我的视野。也就是30米的距离，翅膀的每一次扇动，翼镜的每一次绚烂，都毫无保留地呈现在我的望远镜中，连眼神也都清晰可见。我不知道在这样大风肆虐的天气中，它们是否还有心情注意到我们的存在，但我显然能够体会它们彼此簇拥、在浪花间交流不止的亲密。就像我身边，以及不在身边的那些鸟友，无论处于什么样的状态之下，只要是为了天空中的飞鸟，都能够彼此关照、相互理解和支持。这也正是由这些人组成的团体能够发展到今天，并形成一股中坚保育力量的根本原因。

我喜欢看野鸭，哪怕是看过几十次的斑嘴鸭、赤颈鸭和绿头鸭也总能让我肾上腺素分泌旺盛，何况还有成群的琵嘴鸭、赤膀鸭、针尾鸭和罗纹鸭。说实话，琵嘴鸭奇特的大嘴并不漂亮，身上色彩搭配也很牵强，但我就是挡不住这不和谐的诱惑！这就好像听那些刺耳的摇滚，虽然吵闹无比，听下来却是酣畅淋漓。赤膀鸭的色彩大概是野鸭中最平淡无奇的了，可如果天空的阴云只给阳光留下仅有的那么一道缝隙，而这束天光又恰好照射在一只站立的赤膀鸭身上的时候，你能做何想象呢？除了在脑海里狠命地刻下这神迹一样的场景，我别无选择。针尾鸭是野鸭族中

赤膀鸭（林子大了 摄）

的美人，上天对它如此垂青，将一弯新月送来作为项圈挂在它修长的脖颈间，翘得高高的长长针尾让它宛如汪洋中的一叶小舟，叫人无限爱惜。罗纹鸭是位君子，你需要细细地品味方能感受它的谦和与美妙。那些密织的花纹就像一行行文字，大约这便是罗纹鸭记载自己飞翔日记的地方吧。

"鸭子飞了"的意思通常是"空欢喜一场"，但在我眼里，鸭子飞了其实才是欢喜的高潮。它们成群结队，翅膀拼命挥动，视狂风若无物，在盘旋弥留之后，毅然向草海深处飞去，隐没出世。看着它们鼓翼，我似乎听到发动机的轰鸣。这是源自生命的力量，所以惊心动魄，所以令人叹为观止。

昨晚我们住在华侨大学的泉州校区，而华侨大学是很多厦门观鸟会会员的母校。这里青栾合抱，林木幽然，水含秋色，屋带肃颜。曾任华侨大学校长的廖承志先生的塑像有着和蔼的笑容，在清晨的阳光下让来往的学子觉得很温暖。朗朗的读书声很是久违了，在这里，在一个并不特别喧嚣且在外人看来多少有些好奇的大学校园里，我又一次放下心来，细细地感受生活中的每一次相知相遇、每一朵小花的绽放和每一片落叶飘红的奇迹。

回到了厦门，心已微静。

# 泉州百崎湖水鸟调查

海风也不再凌厉
它柔曼地抚过芦苇的腰肢
低身亲吻碧草的脸颊
躲在那繁星般的野花间向我们眨眼

百崎湖算不上烟波浩渺,却也是上下天光一色,万顷波光潋滟。

放眼望去,湖畔浅草葳蕤,芦苇横生;湖面上野鸭成群,鸥翔鹭鸣。更有偶来渔船三四条,摇去碧波百千层。面对如此美景,我等早已是"未及感叹春光美,眸晃春水醉三分"!

做水鸟调查时,看多了黑黢黢的滩涂、硬邦邦的晒盐池、遍布杂草荆棘的堤岸和黄沙肆虐的河口,如今忽然闯入这般田园风光中来,真有些不适应。这里有满眼看不尽的诗情画意,水道池塘串若珍珠,莺歌燕舞左右相随。海风也不再凌厉,它柔曼地抚过芦苇的腰肢,低身亲吻碧草的脸颊,躲在那繁星般的野花间向我们眨眼。阳光洒满了天地,温暖的不仅仅是一双双飞翔的翅膀,还有鸟人的心。

鸟儿离我们都很近。赤颈鸭头顶的一抹鹅黄娇艳欲滴,而斑嘴鸭的红脚掌艳得简直夺目;凤头潜鸭的小辫子翘如弯勾;斑背潜鸭混迹其间,却被阳光下明亮的色彩出卖;白骨顶多得超乎想象,那黑暗中的一弯小小明月随波荡漾,绝对让你的眼睛为之闪亮;大白鹭总是那么娴静,而苍鹭的优雅不让仙鹤;普通鸬鹚都白了少年头,正抓紧时间寻找爱侣;红嘴鸥缓缓地在空中亮翅,或者干脆在水面上游弋。只有偶尔低空疾飞的普通翠鸟和闪亮登场的白胸翡翠,才稍稍划破这闲逸而平静的画面。

突然间,千鸟振翅,高鸣嘈杂。两只普通鵟如魅影突现,轰炸机一般掠过湖面,还有一只白面黑眉穷凶极恶的鹞展翅相随。这番惊吓可是不轻,天空霎时间被高旋的翅膀占据,连水中的倒影也拥挤不堪。我们还没来得及记录下这壮观的场景,群鸟仿佛聆听到了某种神秘力量下达的指令,一切又都在瞬间归于宁静,令我们错愕。依旧是水波轻荡,草软风和;依旧是悠然地享受着早春温暖的阳光,群鸟那自在的神情,仿佛惊恐从来没有发生过,生活永远都是当下这般惬意无比。

今天本是来做调查的,数鸟的枯燥因为这里的美景变成了一次地地道道的观鸟之行。当我们进一步深入那无边的芦苇荡时,密匝匝、过人高的芦苇在风来的时候偶然闪出那么一点罅隙,一汪清流或是一潭碧水便时不时地明媚着你的眼眸,所谓"人在画中走"大抵如此。少不了欢歌的鸟儿,只是它们都如此地娇羞,不肯轻易出来示人。我们的车走走停停,它们唱唱歇歇,仿佛一场互动着的游戏。

车窗早已全部摇下,清风、阳光和鸟鸣全都灌了进来。我们慢慢地继续深入,直到一群小家伙突然惊起后翻飞。约50个小不点从眼前的芦

中华攀雀(古古炊烟 摄)

苇丛中突然飞起,又急落在前面稍远的一丛。鸟友"上尉"脱口而问:"啥?"坐在后排的我忙不迭地找望远镜。"中华攀雀!"刚举起望远镜我就喊了出来。那电影中佐罗一般的黑眼罩、银灰色金属光泽的海盗头巾、黑长的趾骨和爪子,都与图谱和照片一模一样。当年我回安徽老家的时候,为了能够看到这种主要分布在长江中下游的鸟儿曾专门留心过它,可惜未曾见到。没想到,今天

在这里看到它们过境！那一刻,有流泪的冲动。

有些中华攀雀侧着身,脚爪一上一下抓住芦苇,用嘴不停地啄开枯死的表层,然后一边啄食那雪白的芦芯,一边开心地唱歌。另一些个体用嘴拨开位于芦节处的叶子,找到肥肥美美的虫儿,也吃得不亦乐乎。芦苇在风中不停地摇晃,小家伙的"铁爪功"发挥到了极致。好几次芦苇几乎被风吹得横了过来,它们却宛如体操高手在单杠上玩"双臂大回环"一般轻松自如,不得不让人感叹这"攀"字的名副其实。有这样上佳的表演者(尽管有些害羞),众人没有理由不将满意的笑容弯在嘴角。

泉州湾的水鸟调查其实很辛苦,有三个观鸟点,潮水涌速极快,滨鹬数量又多,每次我们都是在用眼睛与时间赛跑。即便看到少数美丽的鸟儿也无暇细赏,记录一下就匆匆完事,好赶在鸟儿被潮水逼飞之前到达下一个观鸟点,因而鸟友们戏称这是"泉州湾会战"。泉州百崎湖观鸟点的发现,其意义不仅仅在于它的美或它的鸟多,更在于它的出现让我们长久以来因为看到太多太多的环境污染和环境破坏造成的心理阴霾,全都被这里田园般明媚的风光冲淡了,让观鸟的行程不再总伴着那么一丝丝的悲哀。

真得庆幸还有这样的地方。我想起"小猫"曾问过的那句话:"这,难道不完美么?"

# 北部湾神奇的火山岛

刚刚鼓足勇气靠近一点欲一探究竟
就被脚下猛然涌起的浪花砸得浑身都是咸味,心骇不已
仿佛这是海神波塞冬与大地之母盖亚之间扯不清的纠缠
凡人不许靠近

广西涠洲岛是一座火山岛,奇特的地质地貌让这里成了旅游热点。此前我没有来过,不闻大名,来了之后时时处处觉得惊艳。海岸边每一个转角似乎都能够与大自然的奇迹撞个满怀,不知道如何用言语赞叹,唯有徘徊其中久久不舍离去。用双目镌刻如歌的画卷于心底亦觉不够,手机、相机频频记录,根本无法停歇。

海水与风是伟大的雕刻师。岩石节节退缩却也不甘心败得一塌糊涂,于是抗争、纠缠,终成了这曲曲折折、层层叠叠、断断续续、坑坑洼洼的海岸。

那岩石原本来自地壳深处,矿物丰富,日光久晒和海浪拍打剥离了冰冷漆黑的外壳,暴露出满腔五彩的心思。那些我不曾遇见过的斑斓,茶褐、赤褐、绯红、青绿、绀青、粉白、铁黑……,一时间都在眼前如丝飞带舞。

此时的我,觉得一个人徜徉在这蓝天碧海间瑰丽的画卷里,绝不是上天对我的宠爱,反倒是一种惩罚——无人分享的幸福其实是一种煎熬。

我拼命向200米外的一个"老外"挥手,示意他赶紧过来。等他走近

了，一抬头，嘴巴瞬间就张得合不拢了。他冲着得意的我竖起大拇指，但我还没来得及把手里的相机塞到他手里，他先来了句："please！"然后把他的iPad递给了我。心有戚戚焉！

火山不仅把丰富的地矿以最美艳的一幕呈现在人类面前，也在雷霆万钧的怒吼喷发中，抛出了无数个火球，吐出千百条火舌。那仿佛地狱来临的一幕已经全都化成黑漆漆的火山蛋和蜿蜒的熔岩，再经过一系列的冷却、侵入和结晶过程，形成了如今那些流纹、绳状、枕状等构造。眼前的世界看上去似乎凌乱不堪、凝固不前，却又叫人心底有些微的疑惑，总觉得那些岩石里生命依旧，有随时让人心惊肉跳的蠢蠢欲动。

或许大海比人类更加不安。它不停地用巨浪拍打着那些岩石，不绝于耳的巨响之后总是猛地雾飞雨溅，然后白沫冲天、珍珠满地。刚刚鼓足勇气靠近一点欲一探究竟，就被脚下猛然涌起的浪花砸得浑身都是咸味，心骇不已。仿佛这是海神波塞冬与大地之母盖亚之间扯不清的纠缠，凡人不许靠近。

那些岩石上生长着众多的仙人掌和其他热带植物。虽然被肆虐的海风吹得都只能朝着一个方向生长，它们由于日积月累却也渐渐地占据了整个山头。海风永远都是湿漉漉的，植被将其中的水汽"截留"下来

海蚀岩

用以滋长。可水分实在太多了，植物用不完，而且这里的山不够高，又多是陡崖，多余的水分无法汇聚成溪，于是全都成了淅淅沥沥的雨瀑，重新落回到海滩上。就这样，在艳阳高照的日子里，我在雨中漫步——那是从苔藓上渗出的绿色之雨，带着泥土的芬芳，却又清澈凉爽。远处那些用自来水冲凉的人们啊，你们为什么不来这里享用大自然免费的馈赠呢？

海滩上有长居于此、独来独往的矶鹬，也有举家成群来此避寒的黑腹滨鹬。那些海浪对矶鹬似乎并不能造成影响，后者在岩石间漫步、跳跃、觅食，翅膀都很少张开，只有当人类靠得太近时才轻轻地飞走。黑腹滨鹬喜欢在沙滩上停歇或奔跑，潮水涌上来的时候它们会忽然飞起，化成海面上快速掠过的一群小黑点，可不多时又会重新飞回来，或许就落在离你不到10米远的地方，只是不让你靠得更近。是它们的戒心太重，还是人类给它们造成的伤害已经镌刻到基因里？希望不是后者。可是，真的不是么？

有猛禽在天空飞过：快速掠过的游隼和红脚隼、缓缓盘旋的灰脸鵟鹰，还有硕大的乌雕，等等。无论是哪一种，都会给蓝天添上一道动人的风景，可周围没有几个人会像我一样抬头欣赏它们完美的双翼。作为风的掌控者，猛禽是天空真正的王者。当它们将锐利的眼神投向大地，投向这片葱郁的土地的时候，你是否会迷惑它们究竟是在寻觅还根本就是在巡视？

如果我以鹰的视角来俯瞰涠洲岛，高耸的崖壁、海湾里荡漾的渔舟、金色的沙滩、随风轻摇的香蕉林、草长莺飞的湿地、村庄中央被炊烟缭绕的教堂钟楼、妈祖庙里的旌旗，还有穿梭的摩托车、热闹的人群、石油公司的炼油炉，等等，这岛上的一切是否都会显得渺小而匆忙？那只长尾巴的变色树蜥，又是否早已觉察到危机四伏，正欲快速隐匿至盛开的繁花之中？

涠洲岛用十足的精彩款待了我一次。可是涠洲岛，对于那些年年来此的候鸟，你用什么来款待它们？

# 洱海海舌湿地里的生机

苍山和天空中的云朵全都跟着摇摆起来
就连那些在水里或卧或立原本静默的枯枝
也终于牵住风的手
参与到我与这大自然逍遥共舞的派对之中

　　一直只是远眺大理洱海，原以为不过是一片水，就像我在厦门的家外面的那片海一样。直到在喜洲被烈日晒得有些眩晕，稀里糊涂被三轮车师傅吆喝着上了车，一路颠簸尘飞灰扬到了海舌湿地，洱海才在清新到透彻的空气里扑面而来，给了我最幸福的拥抱。

　　湖水如此柔软，涟漪撩起水草的裙摆，又调皮地荡漾而去。脚下原本坚实的土地也被这湖水肆意而甜蜜的温柔浸润得心猿意马起来——心都被掏空了，留下一个又一个大大小小的水坑。

　　树林在这片湿地上毫无忌惮地滋长着，秋风把落叶散得纷纷扬扬。芦苇丛中惊起绿翅鸭仓皇的身影，细小的褐山鹪莺在草丛间歌唱，而壮实的棕背伯劳在枝头嘶鸣。这一片树林就是大地一件美丽的衣衫，它用多彩的乌桕织就，落羽杉是它金色的衣领。

　　海舌湿地是深入到洱海的一小片水陆交汇之地，三面环水，50米宽，200米长。寻常人半个小时早已经走了尽透，我却因为那些鸟儿的指引，在其中的树林里穿梭寻觅，一会儿在密林间听雀音绕梁，一会儿走到湖边看雁鸥飞翔。

　　移步换景的惊喜伴着鸟影不断的兴奋，洱海的碧波似乎也知晓我的心思，越发地荡漾。苍山和天空中的云朵全都跟着摇摆起来，就连那些在水里或卧或立原本静默的枯枝，也终于牵住风的手，参与到我与这大自然逍遥共舞的派对之中。

树林里，北红尾鸲和戴胜不知疲倦地炫耀着自己的花衣裳，乌鸫和黑卷尾忙不迭地展示它们钢铁般的身躯和战斗的力量，而土豪般的黄鹂鸧偶尔会走到水边去看望它那秀气的表亲灰鹡鸰。树林边上，白胸翡翠和普通翠鸟早已习惯自己的惊艳会引来怎样的惊叹，翅膀一抖，专心致志地直奔水里的小鱼而去。

垂柳将水的柔波传递成柳莺妙曼的歌唱，黑水鸡和白骨顶组成水面上声势浩大的卫队，赤麻鸭在空中尽职尽责地巡逻。凤头䴙䴘俨然是国王一样的主角，扭头左右看了看，然后嘴尖朝天，继续高昂着头颅。

湖面飞起的赤麻鸭掠过苍山

红嘴鸥翅膀上的羽毛被风撩起，它追风而去，我却只能站在原地。好在目光可以随它一同在白云下飞翔，也可以随它落在彼岸那起伏的青峦，或者漂浮在洱海广袤的碧蓝如天的水面。

因为海舌湿地，洱海不再仅仅是一汪水，更是一片充满无限生机的如画世界。在这里，我没有增加任何个人野外目击新种，可是，与众多生命一起贴近并被水温柔环抱着的感受，比踩过美丽而洁净的沙滩奔向大海更让人怦然心动。

什么是幸福？这里就是！

# 鹤庆草海湿地的紫水鸡

即便是龙胆花的浓郁也会输给紫水鸡闪亮的羽色
那是黄昏的天空忽然下起了翡翠的雨
是黛紫、宝蓝与艾青色交织的锦缎

在丽江，我遇到了美国大自然保护协会（TNC）的"杰克"和他的夫人。两口子不久前刚离开喧嚣的大都市并在丽江安顿下来，因而他们的心，终于可以与宁静而多彩的自然时时亲密地接触了。

"杰克"带我去了鹤庆的草海湿地，从月儿高悬一直待到月落西山。似乎只有在云南才能见到日月同辉的壮观景象，而且这里的山川亦是如此，将不可思议的矛盾统一得太过迷人——西山的苍茫与东山的葱郁对峙，舒缓的山脊与陡峻的岩石融为一体，大河丰饶的湿地与干涸的谷底并存。

三片草海，全都是碧草悠柔、绿水清冽。

无数的雁鸭和秧鸡，以及周围的村民都将这里作为自己最闲适的家园。蓝天之下，山峦之脚，水岸边的树和倒影美得让人难以言表。高原硬朗的阳光催开了桃花的娇媚，热情地装点着眼前的一切。连芦苇和残荷也别有风韵，就因为那一点点的风，正如你我的心情、一点点地荡漾。

这片高原上最耀眼的莫过于随处可见、蓝紫色的龙胆花，可是即便是龙胆花的浓郁也会输给紫水鸡闪亮的羽色——那是黄昏的天空忽然下起的翡翠的雨，是黛紫、宝蓝与青色交织的锦缎。究竟是谁给紫水鸡定制的这身华服？我想问问它的表亲黑水鸡和白骨顶是否知道答案，可浑身乌黑的它们都选择悄悄地回避，留下满湖的涟漪，在阳光下像一个个不断变大的耀眼的惊叹号！我忽然明白上天未必是不公平的：这人类眼底无与伦比的华丽在给紫水鸡带来赞美的同时，也给它们带来意想不到的灾难——紫水鸡种群数量在近年来比黑水鸡和白骨顶更急剧地下降便是明证。

幸运的是还有这么一方水土上的人们，他们对美的尊重远胜过对物欲或口腹的贪婪。当那些钓鱼叟甩出一道道完美的银色弧线时，我看到的不是对自然无止境的攫取，而是一种闲逸相适、张弛有度的生活姿态。

我后来才搞清楚这片湿地并不属于丽江市，而是归大理州管辖。此番云南的昆明、大理、丽江之行，毫无疑问给我留下最美好记忆的便是大理，干净整洁，古朴又不乏情趣。大理古城里中小学生的校服不是中国其他地区常见的那种运动服，男生是小西装或者中山装，女生则是深色的短裙和长袜。果不出我所料，除了昆明因为集中了全省最丰富的资源

紫水鸡

而无法与之媲美之外，大理——这自古享有"文献名邦"美誉的小小古城，其教育水平一直是云南的翘楚。如今大理的山水，无论是苍山峡谷幽深处的丛林浑莽，还是洱海浩渺的湿地所呈现的美好丰腴，之所以依旧可以给我们这种原始而震撼人心的美，我想，与这样的校服之间，定然有着某种深厚的联系。

# 家边有滇池

人类的友善不仅造福了鸟类
也给我们自己的世界增添了无数的欢乐
你看看那一张张欢乐的笑脸
果真是艳如春花

彩云之南,晨曦的天空是被绝望的黑暗努力压抑着的绚烂。

一开始,天空隐匿着的五彩,需要你用最敏锐的目光才能发觉。渐渐地,胭脂色挣开桎梏,渐渐如水墨般润染,那些原本凝重的乌云在瞬间便化成了长袖善舞的绯红,还有轻柔婉转的橙色。再后来,金色的热情已经占满了天幕,将黑夜挤兑到地平线的位置残喘。终于,漫天的云霞飞舞狂欢,一轮红日喷薄而出。那一刻,于无声处,耳畔的天地之交响荡气回肠。

已经是第三次来云南了,自然是因为心底有牵挂。牵挂那些鸟儿、那些鸟人、那些山山水水,还有在历史长河里凝聚起来的建筑和人心。

滇池很大,但大观楼很小。风浪里飘摇不定的是一年一度来此越冬的红嘴鸥,园林里四季不变的是百年前的亭台楼阁。曲水几道,假山数重,间或几朵海棠初绽,娇艳已然十足,哪里肯输给房前屋后满树的山樱花?

阳光将宝石蓝赐予湖畔的普通翠鸟。一只蓝额红尾鸲在岸边匆匆而过,显得颇为黯然低调,那不过是因为她是雌鸟罢了,若换了她那披着蓝衫的夫君,一场盛大的"时装斗秀"早就上演多时了。黄臀鹎在落羽杉的枝头，用带着卷舌音、短促而诙谐的鸣唱，宣布着春天已然来临。可是，明明早晨的寒意还在逼人棉衣紧裹呢！等到这日上屋头，亦不过是暖意初生，如何便就这般迫不及待地开始"叫春"？

或许是因为"春江水暖鸭先知"吧。你看那草海①之上，成百上千的红嘴鸥之间，总有那么几只撅着屁股、头埋在水里忙着觅食的翘鼻麻鸭，也少不了悠闲自在、卧波大梦的赤麻鸭。波光粼粼，水草青青，我用手拨了几下湖水，虽然很凉，但并无冰寒，果真是春天！

可是，中午时分明已经热得要脱衣服了呢，春天不该这般吧？幸亏因为观鸟，出门总有个随身的背包，将厚衣服全都塞了进去，又扯开领口，好让热气散发得快些。脸上，已经开始发烫了，发烧一般的感觉。初夏也不过如此！再看那太阳，已经明晃晃让人觉得畏惧，不敢直视了。昆明的气候是"一日四季"果然不是传说。

那些红嘴鸥看上去似乎也是热得发躁，疯癫了一般忽然狂飞起来，尖叫着从湖中向岸边扑飞过来。先是错愕不及，继而喜出望外——拿出手机就可以拍鸟的经历在国内何等稀罕，岂能错过？不过随后我也明白了它们的狂欢并非是因为阳光的过度热情，而是来自昆明市民手里的面包散发出的巨大魅力。

大约是30年前，昆明的市民开始有意识地在冬季投喂前来越冬的红嘴鸥；此后盛况一年超过一年，如今大约有4万只红嘴鸥在翠湖、草海、海埂等区域与人类相处得亲密无间，在中国当下较为恶劣的人与自然关系中独树一帜。人类的友善不仅造福了鸟类，也给我们自己的世界增添了无数的欢乐。你看看那一张张欢乐的笑脸，果真是艳如春花。

在高原炙热似火的阳光之下，昆明一日如同要经历一年四季。所以，那黄臀鹎的"叫春"并无不妥，只是"春"苦短，"夏"艰长，"秋"乍起，而"冬"幽暗。因此，别因为繁花盛开就迷了眼睛，落日之后的凄苦寒凉还需要你能够冷眼相望。

---

① 昆明的草海其实是滇池伸入昆明市区形成的一个内湖。

红嘴鸥

　　此次正赶上全国水鸟普查和云南省鸟类调查的日子，于是理所当然地被拉了"壮丁"，沿着三百里滇池的东侧一路奔袭。那些河口湿地原本绝美，后来几近消失，近些年又得以人工修复。只可惜本土植物大多早已被换成外来物种，环滇池的原生鱼类和底栖生物在经历了近乎灭顶之灾之后，繁荣难复。这一点，从以此为生的鸟类种数和密度都非常低就可见一斑。

　　捞鱼河湿地种植了大量的中山杉用于净化水质。其实为了净化水，种些省钱的芦苇效果可能会好得多。中山杉是落羽杉的一个人工品种，此时节如金毛狮子狗一般，风一吹，"毛"一抖，水面上落满了一层枯叶，倒也别致。一些中山杉上还挂了很多人工巢箱，仔细看过，不出意外，均是空无鸟顾。近岸的湖面，浑浊的滇池浪里，星星点点的大藻（即水浮莲）随波逐流，让人想起每每巨大的治理投入大都就这般打了水漂。在那一刻，纵然阳光高照，人却不免有些心灰意冷。

　　好在还有红嘴鸥。它像一张不离不弃的生态名片，镌刻着这里的人们的善良。然而,只是单纯这样的名片,终归少了点什么。

棕头鸥混迹在红嘴鸥中,但桀骜的性格让它并不肯学那些馋嘴的表亲去亲近人类。它用翅尖明晰的白点彰显心意——那分明是对着这个世界翻的大白眼。等在单筒望远镜里看到它那眼白远多于瞳仁的眼睛时,我确定八大山人若在地下有知,必定爱死它。

八大山人对赤膀鸭估计也会偏爱,因为这种几乎毫无靓丽的色彩可言、浑身密纹如波的野鸭只有在飞翔的时候才会露出锈红色的翼镜。也正因为如此,它在众多花枝招展的野鸭里显得如此与众不同——并非恃才自傲,只不过是选择了朴实无华。

落日余晖下,西山如屏,天空中的黑暗再度猖獗。风中的芦苇丛如浪翻涌,寒气随之而生,犹如恶魔开始张牙舞爪,逼得人急欲逃离。没有谁会在白日被汹涌的滇池浪吓退,却几乎无人能够在黑暗中抵御这算不得严酷的寒冷。我又想起早晨看到朝霞时,那光辉的瞬间,以及那内心的欢呼。

滇池和西山断崖

# 德阳旌湖里快乐的野鸭

白眼潜鸭雄鸟浑身呈现出深沉的紫红色

仿佛一杯醇郁的葡萄酒被不小心打翻

泼洒在它的身上

　　鸟友"小暴"是高手！高手不在于身高，他似乎比我的"海拔"还要低一点；高手自然也不在于趾高气扬，而在于淡定如一潭深水，最多轻叹一句"这鸟儿咋这么不给力"！此外，高手在于写观鸟记录直接用英文名或者干脆用拉丁学名；高手还在于为了找鸭子看，把整个成都平原的水系画了一张汇总图；高手更在于外出看鸟很讲究可持续发展，哪怕已经晚上8点钟也一定要回家和老婆一起吃晚饭。高手也是相对的，而他身边也有一些"懒人"，比如"自然派"。用"自然派"的话说："跟着'小暴'，看二手鸟就有保证！"这家伙姗姗来迟，却兴奋异常，想来也是许久没看鸟，憋得慌。

　　我们仨上了去德阳的车后，我才知道今天还有两位鸟友，分别为雅安的小孙和深圳的"清溪"。这两人前不久在江苏如东的水鸟调查培训会上认识，这次"清溪"来四川出差，有点富余的时间，少不了凑一块儿看鸟。他们早已身处雅安，据说白天是左边看熊猫，右边看淡绿鹀鹛，晚上则是川菜川酒好吃好喝直到醉意朦胧。两人现如今已经到了德阳，正等着我们。

　　德阳城看上去挺干净，可缺少阳光的垂青让这座城市显得颇为清冷。"小暴"说看鸭子的地点就是市内的河道。看惯了在海边百米开外的浪中沉浮、见人就飞的野鸭,听闻此言,唯觉匪夷所思,心底嘀咕:"那能看到几只鸭子,一二三四只?""小暴"却对另一件事情觉得匪夷所思——太阳——这个在成都平原的冬季极为罕见和珍贵的东西,突然从晨雾里跳了出来,光芒万丈!

如果说阳光对"小暴"而言是给力,那么德阳的鸭子给我和"清溪"的感觉就是震撼。我总以为看野鸭的地方是芦草横生、滩多水广之地,再配上斜阳烟柳,诗情画意逍遥似神仙不说是必需的,那也是相当可行的。可是这德阳的情景呢?一条市内的大河,两岸被大石块和水泥整齐地约束着,河上有十座桥,桥下都是水闸,相当于一条河变成了9个层层叠叠的浅型水库;河水清冽,丰茂的水草随波摇曳。这河足够宽,而且人下不去,鸭子可以安心地游弋,但是河又不太宽,游客可以很方便地欣赏和拍摄鸭子。然而,因为没有滩涂,所以河中主要是鸭类、䴙䴘和鸥类,但鸻鹬和鹭类就完全没可能了。

但是,有鸭子还不够么?每一个小水库内平均有400～800只。种类么,东部沿海常见的这里都有,东部不常见的这里也有。斑嘴鸭、赤膀鸭、赤颈鸭、绿翅鸭、绿头鸭、针尾鸭相当多,琵嘴鸭却相对较少。这或许是因为琵嘴鸭喜欢吃浅水底淤泥里的东西,而这里的水还是略深了一点,它们不太容易觅食的缘故。罗纹鸭也不算多,虽然漂亮得可以与鸳鸯媲美,但却总是爱埋头睡觉,让人难以一睹芳容。这些鸭子不会潜水,只能屁股翘得高高地将头扎在水下猛吃水草,露出肚皮,等憋不住了再一个翘身,溅起更多的水花。它们一只接着一只地翻着,那水花便一个接一个散开去,如水面炸起一溜烟的鞭炮,煞是有趣。

太近了,近得我都有些不认识这些常见的鸭子了!比如那赤膀鸭,这是我第一次用双筒望远镜看清楚它朴素外表下充满诱惑的栗红色的翅膀;针尾鸭的雌鸟正在换羽,让我总是由于它那泛白的脸颊而怀疑会不会是斑背潜鸭。说到这里的潜鸭,白眼潜鸭、凤头潜鸭和红头潜鸭的数量都很可观。对于白眼潜鸭,此前我还是于2009年在洞庭湖的凄风苦雨中看过那么两眼，今天的阳光如此给力，那白眼潜鸭雄鸟浑身呈现出深沉的紫红色，仿佛一杯醇郁的葡萄酒被不小心打翻，泼洒在它的身上。凤头潜鸭则是蓝中带紫，低调地慢慢游来游去。总是伸着脖子的红头潜鸭，高昂着棕红色的头颅，一副自命不凡的模样。除了这些，你看那翘鼻麻鸭，胸口两侧耷拉着棕色围巾，背上分明是西裤吊带，翘着的大红嘴巴似乎叼

翘鼻麻鸭（林子大了 摄）

着个烟斗，一副欧派绅士的风度。普通秋沙鸭还停留在一夫多妻制的旧时代，雌鸭没有争风吃醋，夫游妻随妾绕，和谐共处好得很。

　　要说美貌，尖嘴如刺刀、发髻堪比麦芒、身染浓墨、脚浸红霞的普通秋沙鸭并不输给它几位赫赫有名的"表兄弟"（比如中华秋沙鸭），却因为生存和繁殖能力更强，活得更好，竟然就得了个"普通"之名，不知道它是否要暗笑人类评判标准之愚蠢。中华秋沙鸭据说在这里也出现过，但那像是一个传说，而我更喜欢眼前能看见的斑头秋沙鸭。是何人有如此潇洒之力，寥寥数笔，在这洁白如宣纸的身体上涂染了几道墨线，似春兰叶舒，如水舞云流。斑头秋沙鸭恰似穿着雪白道袍的世外隐士，那些墨线是系衣的带子，垂若柳丝又随风忽飞。收官之笔一定要画龙点睛，于是戴着京剧大花脸脸谱的花脸鸭粉墨登场了。比绿翅鸭大不了多少的它，凭着一张花脸显得尤其桀骜不驯，仿佛天下之大，唯我独尊，尔等众生，皆是浮云！就连向来在鸟类中不起眼的雌鸟，花脸鸭的雌鸟竟然也在嘴角挂了两粒珠宝，那个炫耀，甭提了！

　　至于䴙䴘类，黑颈䴙䴘竟然在起初被我当作小䴙䴘给忽略了。想必它很不甘心，直接一个猛子扎到我面前浮上来，用红珊瑚珠一样的眼睛幽怨地盯着我，看得我不得不心生愧意。凤头䴙䴘也有，个头虽大些，却不会以大欺小，与其他䴙䴘相处甚欢。鸥只有两种，除了两只普通海鸥

斑头秋沙鸭（村长 摄）

的亚成体，都是红嘴鸥。普通海鸥比红嘴鸥大不了多少，非繁殖期的羽色也相近，但与后者不同的是脸上没有那个黑斑，倒是脖子后面有很多麻点儿，让我想起炒米糖来。

我们就这样沿着河边两岸慢慢走慢慢看，不少行人也来凑热闹，自然少不了对观鸟和爱鸟的推广。从交谈中得知，德阳市内之所以有数以千计的野鸭如此安宁地生活，与地方政府的保护密不可分。据说对于违法贩卖者，一只鸭子罚款500元，而购买者也要罚款300元。这里的居民喜爱这些天外娇客，一直都很自觉地加以保护。

德阳及其附近的绵阳都是1949年后兴起的工业城市，听居民口音也都来自天南地北。也许正因为如此，他们的心中对这些南来北往的候鸟更多了一份善意。期待终有一天，在全国也可以像在德阳甚至国外那样，人在河畔，鸟在身旁。

# 广汉鸭子河里的外来户

它又眯上眼睛,继续如古老的树干一样
蹲在这千娇百媚的柳丝中间
我们继续仰视,看着它
似乎也跟着陷进了它的梦里

　　四川广汉城南约2公里处有一条大河,每到冬季都有众多野鸭和其他候鸟栖息于此,时间长了这河也因此得名"鸭子河"。

　　如今在中国内陆,但凡人居密集之地,即便是乡野,也很难觅得一汪清流。照此标准,这鸭子河的水算得上清澈,只是河道被采砂挖得千疮百孔,由此形成的一个个深潭并不利于以水草为主食的鸭子觅食。据说旧时每到黄昏,雁鸭齐飞时翅膀可遮天蔽日,但这样的情景早已只能是"忆当初"了!

　　现如今,鸭子河因为国内观鸟活动的兴起而渐渐地声名远扬,当地政府也开始加强保护工作。野鸭栖息的主要河段上的采砂已经被禁止,这些从北方来的候鸟终于有了一片安静的家园。候鸟年年至此,鸟人们也随约而来,而无论是鸟儿还是人,这都是与大自然的约定,关乎一个永恒的诺言。

　　久居沿海的我几乎见过这里所有的野鸭种类,但是依然会对如此多种的野鸭汇集到一个地方而感到诧异。是它们本来就习惯和睦相处,还是因为如今它们的容身之所已经越来越少,不得已大家只好相依为邻,我不得而知。对于观鸟而言,一次便几乎将国内所有常见的鸭子种类看个够，无疑是一件乐事，但对于鸭子本身的福祉而言，恐怕就另当别论了。

当初"混迹"于鸭子河边整天看鸟的鸟友"俊哥"，如今已经是四川鸭子河湿地自然保护区的领导了。公务繁忙并不能阻挡他那份对鸟儿的热爱，而且更有建设性。听说我们要来观鸟，他老早便在高速路口等着；一到河两岸的观鸟点，便如数家珍地开始介绍起来。百米宽的河道水波不兴，雁行鸭游，成群结队；河道上零星分布着或大或小的沙洲，黄草苍横，鸥卧鹭立，优哉游哉。近岸的滩上有三五农家，绿茵茵的冬蔬仿佛时刻在召唤春意。

"俊哥"说来了一只灰鹤的幼鸟，这引起了众人的兴趣。寻寻觅觅，"小暴"终于在望远镜里搜索到它的身影。我凑过去却什么也看不到，埋怨道："哪有什么鸟？分明只有一个土包子嘛！""清溪"说："我来看，我来看。"然后就叫道："看见啦！看见啦！"我再看，那幼鹤原来躲在土包子后面，刚露出硕大的长嘴和土灰色的脑袋。它先是有点呆呆地左右扭了几下长脖子，便又低下头消失在土包子后面了。至于脖子以下部分——只能说这鸟太矜持，连胸部也都不肯让我看。

"小暴"提议凑近点看。一伙人赶紧上车，就连开车的"清溪"和"俊哥"的视线都没怎么离开过河面，但开着开着发现已经过了很远，那灰鹤怎么还不见踪影？这河道上因为曾经的采砂，如今留下众多土包与沟壑，莫不是这灰鹤藏了起来？大家于是下车，徒步沿河搜寻，依然一无所获。怀疑是因为受视野所限，我们索性开车到河对岸再看，还是什么都没有。唉！只因一时激动过了头，忘记开车前锁定那只灰鹤的具体方位，那呆头呆脑的模样便成了它在我们这次记忆中最后的定格。

"塞翁失马，焉知非福！"因为寻找这只灰鹤，"小暴"终于看到心仪已久的灰鹤，我也将平素看得比较少的凤头麦鸡、普通秋沙鸭、赤麻鸭看得有滋有味。纵然这些都比不过那只神秘莫测的灰鹤，但人生不如意之事向来十之八九，我们能做且应该如此的，不正是该常念想那剩下的"一二"么？

　　为了那剩下的"一二"，我们从鸭子河又绕到广汉城。城中有个偌大的公园，公园中有个湖，湖面平静如镜；堤岸上垂柳依依，依然带着绿，给寒冬一些别样的味道。我们直奔一棵大柳树而去，而这棵树生得高大正气，柳丝垂若华盖，树底下更是围着它建有高台。拾级而上，身畔柔丝千百，眼前湖光潋滟，虽然天色近晚，昏日无力，却也别有脉脉风情。

　　然而，"一心在鸟"的我们无暇享受这份意趣，纷纷低头找食茧[①]，然后仰头望树杈。终于，在脖子酸到不行的时候，目光落在树杈中一个棕黄色的团团上了。望远镜里是一只正打瞌睡的长耳鸮，大约是我们的仰视让它觉得太过得意，舒坦得连耳朵都趴下了，而我竟然以为这是一只善于伪装成长耳鸮的短耳鸮。大概是被我们这帮兴高采烈的人给吵醒了，它睁开眼睛微微颔首，眼里尽是被顽皮的孩童吵了午睡的老者那种"恼中带着无奈又有些慈爱"的神情。

长耳鸮（村长 摄）

　　须臾，它又眯上眼睛，继续如古老的树干一样蹲在这千娇百媚的柳丝中间。我们继续仰视，看着它，似乎也跟着陷进了它的梦里。

---

① 猫头鹰类的猛禽会将食物不能消化的部分，例如毛发，以看上去好像蚕茧的食团形式吐出来，称为食茧。

# 鸳梦重温

所有野鸭、鸬鹚和鸦鹬
都显得仓皇不安,如溃散的败军
唯有它
飘逸如云彩,洒脱似疾风

上次鸭子河之行时只瞥了灰鹤一眼,而且仅看见脖子以上部分,这次终于可以一览无余。在阳光下,它那土黄色的瞳孔中闪烁的灵动、警觉和高傲尽显无遗,是为一梦重温。

大河蜿蜒,流逝无声,而阳光给沙洲披上一层温暖的金色。那只灰鹤一袭藕灰色轻羽,脖前还有几丝隐黑。它曲脖临水,似美人照镜;或伸颈向日,如傲士问天。纤足轻抬,偶顾左右,如隐逸高人之漫步闲庭;长嘴重击,冬日零星的嫩草只为开胃,沙下蠕虫才是真正的饕餮大餐。那些鸭子,纵然浑身华羽非凡,艳若蝶翅,却只能匍匐在它的身边做个陪衬,胆子壮的也不过怯生生地在一旁游来游去,恳乞这位高高在上的"美人"哪怕一丁点儿的垂青。忽然间所有的鸟儿都飞了起来,其中灰鹤墨色的飞羽展若雄鹰,伸长的脖子如利刀刺开苍穹。所有野鸭、鸬鹚和鸦鹬都显得仓皇不安,如溃散的败军,唯有它,飘逸如云彩,洒脱似疾风。

2009年在杭州的钱塘江里我曾远远地看到过鸳鸯,一群,大约二三十只,零零散散地躲在江心矶的背后,看不真切。说来鸳鸯在动物园里看得多了,野生个体却很少见到。这不,在2011年元旦,鸟友"大小刚"在厦门发现了鸳鸯的身影,这才改变了厦门无鸳鸯的历史。厦门有鸳鸯我自然十分开心，可当下自己身在四川，喜悦中又难免带着点遗憾。老天似乎知道我的心结，今天一早刚到鸭子河边，便看见一只雄鸳鸯。河畔的土堆上蓑草丛生，它混迹在一群绿头鸭中，纵然雍容华贵，却尤显孤单。我试图寻觅它的家族，唯见粼粼水波搅碎它的倒影……此梦重温略有凄凉，好在阳光万道之下，它那飞羽呈现出种种奇彩。若能调出此番色彩作画，纵然只是随意涂抹，也能让看的人目瞪口呆。好吧，既然生命如此绚烂，能弥合那份暗自惆怅也勉强够了。

　　其实今天来鸭子河，冲的不是灰鹤，也不是鸳鸯，而是红胸黑雁。这东西原本生活在欧洲，在中国近几年也就出现那么一次，"妖"得很①。2002年厦门观鸟会的鸟友"伯劳"在首届洞庭湖国际观鸟节上拍到此鸟，惊为天外来客，轰动一时。2009年我带着几位鸟友去洞庭湖参赛，结果反而被他们"无情"地抛弃，一个人在寒风苦雨冰天霜地之间艰难地搜寻，什么都没法看清楚，就连看到白眼潜鸭都还不敢断定，更别提有撞见红胸黑雁的好运气了。

　　今天安逸啊——梦圆了！我看见白眼潜鸭在翻它的小白眼，它屁股上的白毛毛我都可以慢慢数，绛红色的脑袋就像个大大的糖炒栗子。过瘾！至于红胸黑雁，没到的时候还担心它已经飞走了，到了一看，好端端地就在灰鹤旁边：短嘴大花脸，挺得高高的红胸脯恍如挂着铠甲，黑黢黢地就像是守卫灰鹤的大将军。很明显，它对游弋在灰鹤周围的众多赤麻鸭垂涎三尺的行为相当不满，一副脸红脖子粗的架势让众鸭肃然，胆小者勿近。偶有一两只不知趣的赤麻鸭靠近它，想对这位"花将军"打量个仔细，甚至还企图略有暧昧地凑过去。不料这身形比赤麻鸭娇小不少的红胸黑雁，到底不失雁的巍峨本色，没商量，直接冲着赤麻鸭的脖子就啄了过去，吓得那些家伙几乎横着跳开闪躲一旁。之后虽然屡屡见到它与赤麻鸭混群飞舞，却也时常只有它独自在水面上划开涟漪层层。没有

---

① 观鸟者将一些意外出现在通常不会出现的区域内的鸟戏称为"妖怪"，而可能性越低的种类越"妖"。

红胸黑雁（一文走天涯 摄）

人搞得清楚它为什么会来到此地，是倔强执着的异地寻爱，还是失散亲朋后的无奈飘零？它就像一位武士，内心容不得你去揣度。

　　还有鹊鸭。虽然没有时间仔细欣赏，但已经看得真切。当年我和"石在水"在上海的南汇东滩发现鹊鸭，因为那是上海50年来第二次发现，消息还被《解放日报》报道。现在南汇东滩百鸟云集、鸭鹭飞舞，虽然未来依旧难以预料，但是所有鸟友真心希望该地能够躲过被填埋的命运。上海那次远远地看到一只鹊鸭雌鸟，今天终于连雄的也一并看了。鹊鸭的蘑菇头型相当给力，我仿佛见到童年时代在大街上扛着录影机跳舞的大哥大姐们。或许，这又是梦的重温吧！

　　与四川鸟友们相处甚欢的一天让我想起了厦门的兄弟姐妹们。离开厦门来到四川的这段日子就像在做梦，多亏了这里的鸟友们真诚的笑容，让我的恍惚一梦纵然不可清醒，也可以庆幸。嗯，厦门，不用等太久，带着梦里的笑容，我就要回来了！

# 若尔盖的花湖和兀鹫

从来没有一秒钟
我会在草原上感到孤独

小时候第一次听德德玛的歌就迷上了草原。歌声背后，人在草原，因它的辽阔而获得驰骋的自由令人神往，却似乎总有那么一点不可触摸的孤独。

长大后我去了几次草原，才明白那孤独不过是异乡人的错觉：鲜花、牛羊、飞鸟、骏马、白云和远山，这些都是你最好的陪伴。它们无言，却永生永世相看不厌。

若尔盖草原的清晨，乳白色的浓雾锁住了一切，但你心急不得，也无需着急打探究竟。这里的时间之河流淌得如此之慢——一万年了，云和山、山与湖之间的爱情，还没有纠缠清楚，你又何必匆忙？

那些花儿，在晨雾中羞答答地闪现出一丝半缕的色彩。你若真走近了，目光却会被一只飞奔的野兔，又或者一只还在梳理羽毛的赭红尾鸲吸引。远处模模糊糊的低矮房屋看上去似乎并不舒适，但是猜想一定很温暖。草原的夜色已经退却，寒意却还要等到炊烟才肯一齐消散。

等雾渐渐薄了、退了、散了，数不清的宝石一样的花朵像碎了的浪花，从你的脚下一直涌到天尽头。

你正想说"瞧，这多像无声无息绿色的海"，却立即从天空中传来云雀的歌声。那歌声笼罩大地，仿佛妙音鸟吹出的神曲，又如一道终于冲出堤坝的水流沿着悬崖倾泻而成的欢快瀑布，从天空直接冲落进你的脑海，将满心的欢喜灌入骨髓。整个人都跟着轻灵了几分，要随着它一飞冲天。

比云雀飞得更高的是高山兀鹫。它们是草原的王者，也是灵魂的最佳拍档。没有一个真正懂得草原的人会因为它们"丑陋"的外表和食腐的习性而讨厌它们——它们是死与生、天与地之间的媒介，是万物重归自然的大祭司和执法者。它们巡视着草原上的悲欢离合，冷酷无情；它们寄托着人们对来世的祝福和期待，鼓翼之间温情脉脉。如果你觉得那只不过是人类感情的投射，那么你忘记了这一点：在草原，它们才是真正的主人！人类在草原上的生存法则，是借鉴了它们的经验。敖包之外，奔腾的是骏马，而非人类。

然而，在当下的世界，人类确实是主宰，至少可"主宰"毁灭。好在人类拥有智慧和理性，还拥有尽管屡遭蒙蔽却依旧对真善美永恒的向往之心，所以我们今天在天地之大美面前依旧可以恣意徜徉，将伟大的自然恩赐转化成内心小小的幸福——满满的、盈盈的、快溢出去的幸福。你若不相信这感觉，就来一次若尔盖，在七月下旬的花湖边，试一试难离舍。

我反正一来就醉了——醉倒在绿翡翠的怀抱中！醉了，想伸手抓住天马行空的白云；醉了，想像鸟儿一样飞呀飞，管他红男绿女、人来人往，你们的方向统统与我无关。平湖如镜，我要跌进那永不谢幕的蔚蓝色里了！哦，对了，远山那边的可人儿，听见我已醉得不着调的歌声么？我已竭尽全力，你为何还沉默不语，像块岩石？还有那些塔黄，你们全都弄错了：它们不是花，它们是大地涌出的泉水，滋润着这姹紫嫣红的七月。

灰翅浮鸥、普通燕鸥、凤头鹏䴙、灰雁、白眼潜鸭、赤嘴潜鸭、凤头潜鸭，还有黑颈鹤，你莫要以为它们都在自顾自地生活着，你且看看它们注视我们的眼神——是带着恩宠的！在空中飞，在湖面游，往水下潜，那些都是我们心向往之的事情，它们替我们做着，不收一厘一毫。

草原上寺庙众多，菩萨定然也欢喜鸟儿的这般慷慨，于是用光和影

若尔盖花湖

赞美它们。你还等什么呢？举起手里的望远镜和相机就是对上苍最好的回应了。这里是若尔盖，她不需要你用嘴里的言辞来赞美，而是要让你刻骨铭心。

大麻鳽从芦苇中一跃而起，枯槁之色的宽大翅膀缓缓扇动。它回头看了看我们——并非是要与我们告别，而是仿佛略带戏弄地说："前面的湿地里藏着更多的精彩。"

然而，我们就要离去了，纵然舍不得也无可奈何。地山雀给我们带路，绿色的蟾蜍从湿地里跳出来送行，白腰雪雀也从高原鼠兔的洞里窜出来①与我们话别。但是，用不着发誓，我，还有同来的这些人，一定还会再来，只因众人之心早已像那经幡，飘扬成草原上不落的彩虹。

从来没有一秒钟，我会在草原上感到孤独，因为那些所谓的惆怅都不过是将此身从自然中抽离出来后，是对同类相伴的渴望。可是这些山川生灵，谁不能做我们相伴到老的至爱呢？

忘却孤独，便得永生。

---

① 在高原上，有些鸟类会利用啮齿类仍然使用的洞穴以躲避天敌捕食，出现"鸟鼠同穴"现象。——编辑注

# 北疆"三湖演义"

再广阔的天地
也需要彼此宽容才能共存
即便看似是这里处于食物链顶端的黄爪隼
也不会贸然去打搅红嘴山鸦自由自在的生活

白湖、蘑菇湖和乌伦古湖是我们此行北疆观鸟途经的三个主要湖泊。匆匆相逢，又匆匆别离，精彩和悲伤各不相同。

## 白　湖

白湖不大，就在乌鲁木齐市郊不远。与沿海地区不同，新疆的人居地是由一块块的绿洲组成的。出了绿洲，绿色往往会在一道笔直的"边界"处戛然而止，随后接管一切的，是戈壁大漠，是黄与褐统治下的世界。所以，内地城市的郊区一派绿草如茵、阡陌纵横的美好景象在这里是不存在的，有的只是碎裂突兀的荒山、低矮零星的荒漠植物、乱石横布的地表，以及从头顶如万针扎下的炙热阳光。

然而，最刺眼的却是几栋紧贴着湖岸之上、居高临下但还在修建中的高层住宅楼，旁边赫然打着"坐拥白湖"的广告。我不知道在周边一片荒芜之中坐拥白湖究竟有什么意义，难道是湖边一小片在熏热的风中已有些蔫巴的芦苇丛可以唤起飘逸的神思，将此处想象成虚幻的江南？空气中有一丝并不友善的气味，而在远处，化工厂的反应塔林立。

周边面临商业开发的乌鲁木齐白湖

但是，白湖确实吸引人。严格来说，是白湖吸引了鸟儿，鸟儿吸引了我们。或许是因为这里的荒芜，曾经长期远离人类骚扰，或许是因为湖边还有虽然不算多但从未彻底消亡的芦苇丛，每到夏季，众多潜鸭、䴙䴘等聚集于此，以此为家，繁衍后代。黑颈䴙䴘和凤头䴙䴘都已"变脸"，前者向下留起络腮胡子，后者向上长出金色的耳羽。白眼潜鸭、凤头潜鸭和红头潜鸭不玩这些花样，忙着高效率地生娃，此时已然儿女成群；抬眼望去，一长串的小不点儿跟在父母后面排成一溜儿，在水面划过一道道涟漪。

我们到白湖主要是为了看白头硬尾鸭——一种长得很像"唐老鸭"的潜鸭。全中国能看到这种鸟儿的地方没几个，白湖可能是最容易实现的。

它们就在那，我们在岸边用单筒望远镜很快就找到了。三只成鸟，涂满白粉的大饼脸上嵌着黑豆一样的小眼睛，还接一张硕大的蓝色大扁嘴，像日本艺伎的装扮：乍一看很丑陋，隐约里却又藏着几分奇特而诡异的美感。

白头硬尾鸭（村长 摄）

褐色的屁股上硬邦邦的尾巴不时地翘得高高的,有时候还喜欢大嘴朝天,快活地叫上几声,远远看去,像条两头翘的小船。

白头硬尾鸭很少像潜鸭那样远离浅水区的芦苇丛。世界那么大,但它们并不一定就想出去看看,做个居家的宅男宅女也未尝不是一种幸福。更何况如今它们声名远播,"世界"自然会来看它们。

新疆的鸟友们已经为保护白湖及周边的环境付出很多努力。毋庸置疑的就是:如果这个湖泊里的鸟飞走了,那么那买了湖边房子的人,坐拥的,不过是一个大点、可以洗凉水澡的池塘而已。

## 蘑　菇　湖

蘑菇湖位于石河子市,是个人工湖,由平原冲积扇上的一座大坝造就了这里大约40平方公里的水面。车翻越大坝的那一刻,我们惊呼看到了海。说像海有些夸张,不过,近岸绿草如茵,牛羊成群;湖面波光粼粼,上有百鸟翔集;远处水天一色,风卷流云。湖色秀美,当真不让内陆任何中型湖泊。

湖水退却的草滩上,不仅牛羊成群,而且靠近水线的区域也是鸥鹭和鸻鹬的天堂。只是这些鸟类在东部沿海也常见,所以美是美哉,但并不能令我兴奋。不过,近水处有一些明显与周围环境不一样的小石块,或者相对干燥的区域连成一线并与水线并排。我走近观察,果然是巢区——不时可以看到还没有孵化的鸟蛋,以及为了躲避天敌而纹丝不动、伪装起来的雏鸟。我刚提醒众人小心脚下,天空中普通燕鸥等种类的鸟爸鸟妈们就已经出离地愤怒了,绕着我们头顶大叫,声音里充满了无奈和着急。

我们自然知趣地快速退让,可是那些骑着摩托车和马儿在草地上嬉耍的游人就未必了。说"未必"并不是他们不够关心鸟类,而是在更多的时候,他们压根就没有意识到在车轮下、马蹄下或脚下,就有着一个个脆弱而绝望的生命。那天我正好有位身在马耳他的朋友转发一条微信,说因为有一只海龟在该国的某个海滩上产卵,当地政府得知消息后立刻关闭了那个本来作为景点的沙滩,并积极向市民宣传,以保证海龟可以顺利繁殖。如果石河子的地方政府也能如此,那该是多么大的善举啊!

我们来蘑菇湖,心底想的肯定不是这些寻常的鸟儿,领燕鸻才是主要的目标。但是,就我个人而言,对它并无什么特别的期待。单从外表上看,领燕鸻与东部地区比较常见的普通燕鸻几乎没什么分别,只是在停下来的时候,飞羽的尖端相对长一些。它们之间最重要的差别是领燕鸻的三级飞羽外缘有一点点白色的边纹,但对飞行犹如燕子般敏捷的鸟儿来说,这种差别几乎是肉眼无法分辨的。不消说,这会大大减少观鸟的乐趣,所以就权当是"集邮"吧。我此次来新疆,抱着冲击800种总目击鸟类的目标而来,多一种新鸟入账总不是坏事。

领燕鸻在国内其实很少见。可能平素里矜持惯了,这只领燕鸻一开始躲躲闪闪地不肯让我们靠近,然而见我们并不跟随,颇为没有面子,于是心一横,干脆落到我们前方很近的地方一动也不动,昂着头,摆出一副"我这么珍稀,你快来崇拜我"的样子,任由我们看了个够,无奈我们实在看不出它比普通燕鸻更美在哪里。想起前两日在新疆北沙窝看到的那只棕薮鸲(见后文"来一点点冒险"部分),它们这两个稀罕物种若是凑到一起,一定会感叹人类怎会如此肤浅,活在一个"看脸"的世界里。

蘑菇湖的草岸上,有很多硕大的死鱼残骸。它们或许是传说中在这里出没的玉带海雕吃剩的猎物,也有可能因为湖水的严重富营养化导致的窒息而亡。石河子市此时约有一半的生活污水未经处理就排放到这里,尽管有众多溪流汇入此处而产生稀释作用,但反嘴鹬的大量聚集显然说明这里的水质不容乐观[①]。

策马狂奔的年轻牧民惊起了原本停歇的鸟群,宁静的湖面上空霎时间如乌云集结,嘈杂声充斥天地。然而,几番盘旋之后,鸟儿渐渐落下,一切又很快恢复平静,只有几乎不露痕迹的波浪轻轻地随风涌动,泛起有些刺眼的光芒。回首,阳光下的蘑菇湖像草原上一滴晶莹的眼泪。

---

① 反嘴鹬因为喜爱吃富营养化水体中爆发的藻类,所以被当成环境污染的指示物种。一个原本很少有反嘴鹬的地方,如果突然间反嘴鹬多了起来,可能表明该区域的水质在恶化。

远眺乌伦古湖

# 乌 伦 古 湖①

在看见乌伦古湖之前，我的眼睛经历了准噶尔盆地边缘戈壁荒山源源不断的干涩、天地间突然间迸发出的由矿脉构成的炫目斑斓，以及蓝天之下如梦似幻的白云。然而，当那一片明亮的粉蓝色远远地映入眼帘的时候，我才知道什么是滋润，什么叫醉心。乌伦古湖，远远地，就无法自拔地爱上了她！

但是，我们的司机张师傅在距离乌伦古湖很遥远的地方便将车停了下来。公路穿过一座小山，前不知去途，后不见来路。路的两侧，除了与小山相连的低矮山丘，便是浩瀚的草原。草原还远算不上绿色葱郁，但已经春意朦胧，而且开满了粉红色的小花。旷野之上，狂风横扫，那些花虽低矮，开得绝对傲气凛然，展现着生命无穷的力量。

张师傅说山边有黄爪隼的巢穴，但前几日我们已经在路上多次见过黄爪隼，不想打搅它们育雏。我决定去爬旁边的一座小山，因为我想站

---

① 乌伦古湖是位于准噶尔盆地北部的断陷湖，维吾尔语称"噶勒扎尔巴什湖"，又称布伦托海、大海子，是乌伦古河的归宿地，湖面海拔高度为468米。1969年凿通了额尔齐斯河与乌伦古湖之间的分水岭，修建了引额济湖渠道工程。——编辑注

到山头,眺望那粉蓝色的乌伦古湖。

没走几步,风便大得让人有些站不住。我俯下身子开始手脚并用,期间却忍不住要停下来拍一拍身边的野花,实在是因为这原野之上乱石之间的蓬勃生命,有着我无法忽视的精彩。感谢新疆的美食,让我没来几日便胖了许多——狂风虽大,但还不足以将我吹走。没想到的是,当我艰难地爬上小山顶,却赫然发现前面还有一座更高的山峰。风越来越大,我开始有些觉得冷,脑海在湖水的诱惑与回撤之间权衡着,然而脚步并没有停止。这或许这是一种本能,是源自内心深处的渴望。

当我最终趴在高峰上,费力抬起头,将远处的乌伦古湖尽收眼底的时候,一只黄爪隼急速掠过我的身边。它已经被风吹得无法在空中保持骄傲的姿态,而我这一路也衣衫鼓胀,弯腰屈膝,步履艰难。它见我,定然亦觉得狼狈不堪。然而在相视的一瞬间,我们彼此是微笑的,没有嘲弄,亦非惺惺相惜,是天地当歌的会心一笑。

我下山后,众鸟友还在公路对面的区域观鸟。我问大家有什么好收获,刘阿姨说有白顶鹏,我一听自然开始铆足干劲寻找。鸟友"葱哥"和姗姗说就在附近,果然很快就看到一个黑白分明的小东西在飞,可还不容我举起望远镜就已飞远了。我急急忙忙跟了过去,未看见白顶鹏,却发现一只漂亮的鸫就停在眼前。"圃鹀!"我不假思索就喊了出来。

直觉往往是正确的,但是那需要建立在踏实的基础之上。我来此之前连观鸟功课都没做,这一嗓子足以吸引众人围过来,结果却只能是让自己贻笑大方。原来只是灰颈鹀!它与圃鹀外表类似,但后者的喉咙是米黄色,整体也略艳。最关键的差异是两者的生境完全不同,面对这荒山野岭,圃鹀是提不起精神做那娇滴滴鸣唱的。灰颈鹀瞪着大眼睛,既不言语也不惧人,与我们始终保持三米左右的距离,径自在石缝下、草根间跳跃觅食。未几,它的夫人也出现了,于是形影相随,比翼双飞。若晗和"朱大师"手牵着手走了过来,问我们在看什么。我说:"灰颈鹀啊,然而飞了。"若晗问飞到哪里去了,我指了指一堆石头垒起的坟墓。

新疆穆斯林多,有些地点的穆斯林坟冢修建得恍如小小的宫殿,或者好似微型的院子，聚在一起，远远看去像个村落。这与我在香港跑马场的墓园里看到的那种仅有一块墓碑的穆斯林坟墓完全不同。伊斯兰教在中国的发展过程中形成了自己的特色，却在近年因极端分子和国际恐怖势力的利用，宗教激进主义思想在一些地区重新抬头，让人们万分警惕。对于一种宗教信仰要怎么看，每个人的答案或许不同，但是"宗教用来约束自己的内心，而不应该是要求他人的准则"则是人类能够共存的基本底线，因为再广阔的天地，也需要彼此宽容才能共存。你瞧，即便看似是这里处于食物链顶端的黄爪隼，也得看红嘴山鸦的脸色，也不会贸然去打搅后者自由自在的生活！

白顶鹏再次出现了。它虽然忙着捉虫子回家喂宝宝，但起先还对我们有所防备，并不肯直接回巢喂食，总要先在外围停顿一下，看看情况，后来习惯了我们的存在，也就任由我们围观。只是，这只鸟儿雪白的头顶与从脸蛋到屁股全然的墨色构成的强烈反差，让我几乎无法看清它的眼睛。于是虽然很近，虽然看了很久，但是总有一种并没有看清楚的恍惚。或许眼睛真的是心灵的窗户，神意交流，缺此不得。

我心满意足地回到车上，将西红柿当水果吃得不亦乐乎。正当此时，忽然"越冬"跑过来喊道："有石鸡，山上有石鸡！"我见过石鸡，可心底想着万一要是大石鸡呢？所以还是跟着众人奔跑的脚步屁颠屁颠地也凑了过去，刚到就听见钱刚说："已经飞了。"

飞就飞了吧，反正我也无所谓。正想着，忽然看见山顶有一只大鸟飞起来又快速落下。"在那！在那！"众人齐齐地喊着。话音未落，刘阿姨和小七已经冲上山去了。刘阿姨是我们观鸟团里年纪最大的成员，刚刚退休，痴迷于拍鸟，但除此之外什么都无视。只要前方有鸟，她扛着焦距640毫米的"大炮"①和三脚架在海拔3 000米的地方爬山从来都是一路小跑带着风的，而我们全都无法望其项背。我们爬山观鸟，是痛并快

---

① 拍鸟者将一些硕大的长焦镜头称为"大炮"。这些镜头由于组件和工艺原因，通常异常沉重，无法手持拍摄，必须依赖三脚架提供稳定的支撑，形似战场上的火炮炮筒。

乐着，但她只有快乐，还拉着气喘吁吁的小七或者我说："看到鸟你一定要告诉我啊！"那精气神，真不是一般的好！

这一老一小只要遇到鸟还真就是急性子！等我举起望远镜看清楚那不过是一只纵纹腹小鸮，正想叫他们回来时，两人已经成了山上的小黑点。想想这耳畔从未停止呼啸的风声，我决定不让自己的嗓子受累，改用长焦端拍了一张他们"会当凌绝顶"的伟岸身影，给他们留作登山的纪念。

估计他们下山还得一会儿，我便用望远镜在山坡上毫无目的地打量起来：乱石横呈，罅隙多变，碎花繁多，视野里乱糟糟的看得人头晕。正欲放弃，忽然见了一个飞影，然后就等到它落定，但距离遥远，依然无法看得真切。此时再一次纠结：一方面，担心放下望远镜就再也无法在一片背景如此相同之地找见它；另一方面，靠近它是弄清楚真相的唯一的选择。风险总是与收益相伴，舍得之法，无非先是一个"放下"，现在就要放下这种患得患失的心情。我赌这大风天里它短时间内不会再次起飞，决定设法靠近它！

很幸运，多年的经验让我不至于"跟丢"这鸟儿。一点点地靠近（其实依旧遥远），等到相机终于可以勉强记录其影像的时候，快速按下几次快门，然后重新拿起望远镜慢慢欣赏。

在一个背风的石头凹里，哎呀，竟然有小两口正在恩爱呢！厚嘴相互摩挲，情意浓浓。这种鸟儿浑身淡淡的土黄色，不见什么特别美艳之处，只是花白的翅膀沾染着些许粉红，算是不负春意的辉映么？蒙古沙雀，我此行的目标鸟种之一，就这样稀里糊涂又机缘巧合地被我收入囊中，之后再也没见过。刘阿姨为此念叨了一路，让我以后千万记得有好鸟要喊她。只是，她照旧每到一地，一下车，一溜烟儿就不见了踪影，而我就算喊得鸟都飞了，她也听不见啊！

等我们真的沿着公路靠近乌伦古湖的时候，我们反倒没看到什么，因为茂密的芦苇荡遮住了视线，那湖水也只剩下一湾荡漾的轻波。由于时间关系，我们未能去方圆八百平方公里的乌伦古湖最壮观的断崖北岸一探究竟。然而，当我们在灌草丛生的砂质湖岸稍作停歇的时候，大自然早就为我们准备好了一场波澜壮阔的天地大戏。

事情得从"葱哥"说起。上海的"葱哥"和北京的"关二"号称观鸟界一南一北两大"雨神"，属于走到哪儿哪儿就下雨的类型。"关二"比我们早几天到新疆，但他带队的七日博物游在前五天竟然全都在下雨，几乎要被队员们暴打。后两天虽然没下雨，但这时"葱哥"也到新疆了，猜想或许是"负负得正"的缘故。我给他俩在北沙窝拍了一张阳光灿烂的合影，弥足珍贵。等"葱哥"跟着我们离开北沙窝后的第二天，还留在原地观鸟的"关二"来电话说他竟然在沙漠里遇到洪水，挡住去路了……我们都觉得如果想让罗布泊重现汪洋，把他留在新疆就行了。

虽然"葱哥"跟着我们，但此行我们一路并未挨着雨。是否"葱哥"法力不济"关二"？非也！我们虽然头顶一片晴空，但随时随地环顾四周，无不阴云密布，黑压压势若摧城。开头几日受视野所限还不明显，到了这空旷的湖区，所见之场景，足以令人瞠目结舌。

此时，乌云与四野连成了帷幕，我们恍若置身暴风眼里，闪电照亮远处的天空，狂风刚开始触及我们的衣衫，黄沙就迫不及待地助纣为虐。我们不得不将相机和望远镜紧紧地包裹在衣服里以免受风沙侵害。原本慢悠悠的骆驼开始在灌丛地里狂奔，棕尾伯劳的幼鸟嘶哑地呼唤父母，毛腿沙鸡急匆匆地从头顶飞过，原本在湖面上翱翔自如的普通燕鸥也像喝醉了酒一般摇摇摆摆，连黑水鸡和凤头潜鸭也赶紧躲进芦苇丛里。

在生命受到威胁的最后一秒钟之前，我给"葱哥"拍了一张"召雨"的定妆照——背景是吞噬了天空的乌云，"葱大雨神"神情自若，嘴角微藏笑意。我没想到的只有一点：拍完照片，原本落在我身后的"葱哥"，跳上张师傅的车的速度竟然比我还快。

前方空无一人的公路上，落荒而逃的我们，望着白浪叠涌的湖水和渐渐逼近的黄色天幕，"毫无廉耻"地坐拥荒野飙客的自我陶醉。

第四篇　旷野对视

　　本篇主要是笔者在田野、草原、高山草甸、荒漠、沙漠等旷野环境下的观鸟记录。相对而言，旷野的鸟类密度较低，尤其是荒漠地带，部分原因是旷野所能提供的食物相对贫乏，也缺少隐蔽处。尽管如此，旷野，尤其是草原和低矮灌丛较多的地方，依然是众多鸟类的家园，而它们的歌声一直是羁旅之人最美妙的陪伴。对观鸟者来说，旷野是让他们又爱又恨的地方：视野很好，便于欣赏，可鸟儿也容易发现他们，因而飞出去很远，让人对着长空兴叹。

　　"天似穹庐，笼盖四野。"人在旷野中时常会发觉自身的渺小，故而对自然的伟大越发地刻骨铭心。

# 奇迹榆林窟

几张长椅上躺着两三个人
原来是瓜州本地居民
不为赏壁画和雕塑
只为这里的一抹清风、一泓流水

离开嘉峪关,西去无人烟。唯有荒冢!

然而,渐渐地连荒冢也没了。路过一片古老的雅丹地貌,颓倒的土垣成行成列,即便不远处尚有一丝绿洲,在此也戛然而止,一切生命看似都已经坍塌。风声呼啸,连声哀叹都感触不到。我一直都以为自己可以在必要的时候看透生死,此行却让我知道对于生命我是有多么渴望。

我们要去敦煌,那个飞天曼舞的地方。不过,在让心飞起来之前,我们先去了酒泉的瓜州。

以前在四川省博物馆里看张大千临摹的敦煌壁画,一幅"水月观音"让我伫立良久。后来得知此画并非出自敦煌的莫高窟,而是源于有莫高窟"姐妹窟"之称的榆林窟,于是冲着"水月观音"的安详和美丽,游人罕至的榆林窟顺理成章地被我列入此行的目的地之一。

三岔路口竖着一块高高的标牌,指明向西是敦煌,向南是榆林窟。路非常好,几乎没有车,要不是GPS①仪的提醒,车飚到时速140公里人一点感觉都没有。

---

① GPS为全球定位系统的英文缩写。

　　路边还有一块标牌,上面写着这里是"安西极旱荒漠国家级自然保护区",但我疑心那"极旱"二字是不是写错了。眼前分明是广袤的草地,只是这里的草地生得特别,一丛丛的,彼此并不相连,于是时时刻刻都能看见那黄土地的底色。草地上间或有许多柽柳,开着淡紫色的花,远观葳蕤一片,在蓝天下分外地抢眼。牛羊星罗棋布,野鸟展翅飞舞,如果是"极旱"之地,又何来的这般生机勃勃?

　　谜一样的还不止这些。佛窟通常都是雕凿在高高的崖壁之上,可是我们都已经看见了榆林窟停车场的招牌了,眼前却依然只是一片平地。放眼之处,唯有遥远的祁连山主峰上的皑皑白雪泛着银光,周围哪里来的崖壁? 我们带着狐疑将车停了下来,但依然四顾茫然。没有人,连座建筑都没有! 这里只有一块平地,但路牌和GPS仪的指示明确无误——目的地已到达。榆林窟,你到底在哪里?

　　终于留意到前方约百米处有块宽宽的石碑,我们用望远镜看过去,上面刻着"榆林窟"三个大字。晕了! 那就走过去看看吧,虽然诡异,也只能如此了。

　　刚靠近那块石碑,立刻有人忍不住叫了起来:"天啊,在这里!"每个人眼睛都放出光来,嘴惊得半晌也合不拢。

　　大地豁然裂开一道百米宽的口子,一股流水从中潺潺而过,而那些石窟就在被流水切割出的峡谷两侧的崖壁上,与峡谷中的盈盈古木相对千年。若不走近,哪里能发现这藏于地平线下的奇妙世界?

　　带着震撼与惊喜,我们沿着修好的石阶往下走。峡谷中浓荫蔽日,风凉无限。几张长椅上躺着两三个人,一问原来是瓜州本地居民,不为赏壁画和雕塑,只为这里的一抹清风、一泓流水。

　　榆林窟的人类活动以研究为主,刻意保持低调,以免游客过多干扰科研工作,讲解员也只开放七个洞窟让我们欣赏。同时,我犯了个极度愚蠢的错误——戴着墨镜。这一路上灿烂之极的阳光,早让我习惯将墨镜当眼镜用了。如今进了这黝黑的洞窟,真是欲哭无泪啊! 好在讲解员姐姐体贴又大方,用手电照得足足的,让我贴近了去看。

位于峡谷两侧崖壁上的榆林窟

壁画之精美，色泽之光鲜，雕塑之细腻，虽——有所体会，终究因为视线原因而心存遗憾。艺术的奇妙让人无法用游记的语言来描绘，或许在将来我会写一首诗来尝试触碰那种心灵的悸动。如果你有所期待，那么请多点耐心。我要酝酿很久，因为那天的我，已经陷入了漫天的佛国妙音之中，彻底忘却了红尘。

参观的时间并不长，也就一个小时左右，当走出洞窟时，却仿佛已历经百年。

我们贪图这里的清凉，又坐了一会儿，随后望远镜的视野里竟然"跳出"好几张生面孔来：那满世界飞舞的竟然是岩燕！这些崖壁不仅是佛门弟子打坐说法之地，也是岩燕世世代代的美好家园。岩燕雏鸟已经出巢，正在练习如何飞翔。它们灰色的身躯异常灵巧敏捷，佛国的飞天只怕也要自叹不如。一只漂亮的灰背伯劳也来凑热闹，就停在眼前的树枝上。它偶然一个回眸，透着水晶一样闪亮的目光是它那副天生的墨镜无论如何也挡不住的。身后的树枝上还有小鸟在跳，麻雀吗？哦，不是！山麻雀？也不是！胸口围着一片黑兜兜，原来是家麻雀！它们不是新疆才有分布的么？仔细再看看资料，甘肃这边也有一个分布点，而且竟然就是这里——榆林河峡谷！

榆林窟是一个诞生奇迹的地方。榆林河水来自高山上冰雪的消融，可一出山就消失在了地下，所以才有了这处"极旱"地区草木丛生的奇景；到了榆林窟附近，它又冒出地面，天长日久，生生地切出一个峡谷，孕育着绿树野鸟，滋养了佛国众僧。即便是今日匆匆地到此一游，它又何尝不是我们生命旅程之中的一个奇迹呢？

# 牛心山上的雪化了

舍不得走也要离开

旅行的意义就在于不停留

也唯有如此,才能看到前方的风景

未来有多远?其实未来的任何一秒都有可能是精彩的,只要你有善于发现的眼睛和懂得感恩的心灵。可有时候,那种精彩来得如此直接,会让你双目一睁,脖子不自觉地往后一仰,嘴里跟着就"哇喔"一声冒了出来。是的,就是这么简单而直接地,那些精彩纷呈的画面直挺挺地就冲撞了过来,让人连感叹都来不及,唯有被震撼得呆呆地发愣。

一出森林,卓尔山就像一堵殷红的墙矗立在你面前,仿佛那就是世界的边缘。祁连县城就在卓尔山脚下,而山顶的白塔是蓝天之下圣洁的祈祷。

这小小的祁连县城只有平行的两条街:一条街在谷底,隔着一条河紧贴在卓尔山殷红的崖壁下,新修的政府大楼就在这条街上,像大山怀抱中的婴儿;另一条街地势高一些,可能是老城,宾馆、市场、小饭店等大多集中在此。后面这条街背后便是牛心山,可以明显感觉到山很高,云遮雾绕的,看不到山顶。两条街上都几乎没什么人,因而这虽然不是我见过最小的县城,却是我见过最寂寥的县城。问了才知道这里除了周末和前一阵油菜花开的时候来了很多游人之外,平时是没什么人来的。之前县城与山外的交通很困难,直到西宁的公路修好后才有来客,新的宾馆也就是这一两年才多起来。

虽然已是八月上旬，这里的气温却很低，我们穿上秋衣还觉得有些凉。与当地人闲聊，说前两周热过，到了38℃。当地人以前没遇到过这样热的天气，好像都不知道该怎么活了，还说牛心山上的雪都化了。我这才知道那云雾缭绕下的牛心山原来是座雪山，而且似乎在当地人祖祖辈辈的记忆中总是白雪皑皑。我问："雪都化完了么？"答曰："化完了，不过后来又降温下雨了。山顶上估计是又下雪了，现在还能看到一点。"听罢，很希望明天是个晴朗的日子。

因为几乎没有游客，花了不多的钱便住了很好的宾馆。也许是因为知道此次旅途快接近尾声，前面的路途都很平坦，不再有任何值得担心的地方，我们当晚睡得真是舒服。第二天一早在晨光中醒来，赶紧披上衣服，拿起相机和望远镜便去爬街道背后的山坡。

爬坡途中不时地遇到羊群，这时候总有几只会停住吃草，一动不动地站着，眼睛溜圆地死死盯着我们。我最初觉得有些恐怖，然后才发现那不过是它们在好奇。于是冲它们笑笑，而它们似乎也感受到了我的善意，"咩咩"地叫几声，便低头从我身边从容地走过去。

羊群往下，我们往上。在高海拔地区，没爬多久便有些累，脚步却绝不肯停歇，因为眼前的景色已经让人欲罢不能了。蓝色的天空纯净而透明，牛心山在阳光下如头戴雪貂皮帽的藏族大汉：裸露的紫黑色山顶是他俊朗的面庞，针叶林如宽大厚实的藏袍裹着他雄壮的躯体；在山脚下低缓起伏的原野上，大麦与青稞、黄与绿交织，恰似藏袍上的五彩花边。山间升起白雾，渐渐地变得浓密，又被风轻轻地扯成絮片儿横在山中央，哦，这定然是他献给上苍的哈达了！回首，县城已在脚下，一座座房子如嵌在群山中的珍珠。

这里的山巍峨高大，不知是谁家的法力在大地上斧劈刀砍，塑造出如此雄浑的气度；这里的山多彩斑斓，绿的草、红的土、紫黑的裸岩、金的田野、翡翠般的水，究竟是谁的能量在恣意汪洋，竟然可以调和起如此多的美丽？面对这样的造化神功，我们除了仰视天空，除了与那猎猎飘扬的经幡一同在风中无言地膜拜,别的,都是多余。

日头渐高,山间的水汽也跟着越来越多。须臾间,那牛心山复又藏进了云纱背后。此刻的牛心山,已然变成青涩的少女,温柔迤逦,妩媚娇羞。对面的雪山也在越发强烈的日光下变得迷离起来,空气中到处都泛着淡蓝色的光,那是群山中的氤氲,是祁连山吐纳的胸怀。

下山了,我们才发现一路有很多鸟儿。红隼飞得齐人高,还不时地扭头看着我们。鸟友"老四"和芳芳没能爬上坡顶,却在休息的时候看到一只纵纹腹小鸮,距离近到用手机就可以拍下来。我虽然错过,但一想那山坡上的风光,也就释然了。看鸟固然是我的喜好,可是与真正的风景相比,后者却更具洗涤人心的力量。

舍不得走也要离开。旅行的意义就在于不停留,也唯有如此,才能看到前方的风景。

出城又是青山万道,谷深山高,但路边的标示牌上写着这里是"小东索"。忽然脑子里闪过一道灵光,昨天我们在阿咪东索景区临时闯进去但又因天色太晚而折返的一条纵深难辨的巨大沟谷就是脚下这条啊,而"阿咪东索"正是牛心山的藏语名。阿咪东索作为祁连山的象征,被当地的藏族、蒙古族、裕固族等信仰藏传佛教的群众奉为祁连众神山之王。原来我们一直都是绕着牛心山在走,并且曾经如此亲近她的裙摆而不知!

GPS仪上显示的路绕如羊肠,好在路况很好,并不危险。倒是看着那些在山坡上列成一行吃草的羊群,一只跟着一只立在陡坡上,我平白替它们操了不少无用的心。羊就是这样,跟着头羊走,没有自己的意志,所以它们也就无所谓命运。人不是羊,因为人的路,起点在脚下,而方向,在心里。

牛心山

# 德令哈的荒漠和咸水湖

月光隐遁

我们在只有一条街的乌兰县城卸下行囊

德令哈还在前方

但我们，此时已耗尽了勇气

"姐姐，今夜我在德令哈。"

如果你读过海子的这首《日记》，柴达木盆地的荒凉和寂寞已无需再多言。

从青海省共和县黑马河乡继续西行，车在努力地翻越着橡皮山垭口。高山草甸上牛羊缓缓移动，一如毡包里冒出的袅绕青烟。风似乎在这里停止了，但也许只是迷了路，总之盘山公路上异常温柔地徘徊着一股冰冷但又满怀雄心的气息。我被四周的青青碧草欺骗着，晕晕的，迷迷糊糊的，仿佛又回到了若尔盖草原。

猛地又醒了，世界却已经完全变了样子！

山在身后，不再有柔美的曲线，变得冷峻高大；地上再也没有连绵的青草，一簇簇小蓬草和枝条乖张的荒漠灌丛，带着发黄的绿色，竭力而又无望地遮掩着大地的仓皇；天空异常明朗，云变得很薄，如戏台上作舞的长长水袖。与青海湖边的熙熙攘攘不同，这里见不到游客。数量不少的大货车，全都气势汹汹地呼啸而过，似乎一踏进这柴达木盆地的边缘，最想做的，便是急忙飞也似地逃离。

"草原尽头我两手空空！"

辽阔！完全不同于草原的丰饶，也不同于戈壁的荒凉，眼前辽阔的柴达木盆地蕴含生机，却又残酷得令人悲伤：被雨水冲刷出的浅浅沟壑，像大地扭曲的结痂；植被在风中顿首，却又不服气地将枝条抖动得呜呜作响，试图阻挡风的嚣张。

远远的地方，茶卡盐湖和湖那边鄂拉山的皑皑白雪一起反射着刺目的白光。早几年时去茶卡盐湖的人少，现在的茶卡盐湖则几乎被游人踩成了黑糊糊。至于"天空之镜"的梦幻，还是放在梦里比较好。

没有一棵树，而高原上强烈的紫外线让观鸟成了一件丝毫谈不上惬意的事。苦觅黑尾地鸦无果之后，我们的车在玫瑰色的天幕之下，拖着滚滚黄尘，开始穿越一座又一座赭红色的干涩山丘。然而，每绕过一座山丘，天空就越发深沉，渐渐地成了蓝紫色，最终伸手不见五指。

月光隐遁，我们在只有一条街的乌兰县城卸下行囊。德令哈还在前方，但我们，此时已耗尽了勇气。

翌日一早，乌兰城外的加油站旁边人工栽植的白杨树成了鸟儿们难得的休憩场地，而大杜鹃则正在一旁耐心地等待自己的孩子在"养母"的喂养下一点点地长大。旷野之上，家燕虽小，却是天空的敏行者；火车很大，然而只能在大地上循规蹈矩。青藏铁路与我们并肩而行，它还有比远方还要远的终点，而我们只有比远方还要远的路途。

掠过德令哈的尕海。不，应该是撞见！尽管这只是闯进柴达木盆地边缘的第二天，我们却已经下意识地习惯了山谷两边的荒芜。忽然间，眼前的大山像狠狠地摔了一跤，而且是跌倒在地后再也爬不起来。湖水与天空顺理成章地用蔚蓝色彻底接管了一切，还有岸边的水草、鲜花和牛羊。所谓"悦目"无非就是这般感受：那湖水源自融雪，在我们的眼底却仿佛是一汪涌泉。

"这是雨水中一座荒凉的城。"

海子曾经这样描述德令哈。然而，如今的德令哈并不荒凉，而是一座整洁得让我有些不太适应的城市。人行其中，会完全忘记周遭的戈壁荒漠。海子诗歌陈列馆在中午时分大门紧闭，而祁连山顶的雪冻住了天青色的蓝,终于流淌成碎玉飞珠的巴音河,在纪念馆背后澎湃不息。白昼的德令哈早已不愿再盛下海子心中的悲凉——它确实曾经饱经沧桑,但不乏对激情的向往。

这正如海子所言:

"这是唯一的,最后的,抒情!"

继续往西。可鲁克湖和托素湖挨得很近,都是浩渺的大湖,传说为一对情侣所化。可鲁克湖是男性;托素湖是女性,因为她流了太多悲伤的眼泪,所以后者的湖水咸得厉害。可鲁克湖曾经有玉带海雕的纪录,我们决定拐进来碰碰运气。

运气不错!还没进景区的大门,就看到一只黑尾地鸦站在路边的篱桩上。这正所谓"踏破铁鞋无觅处"——在茶卡盐湖外苦觅无果,一路上不停地念叨,而且就在刚刚几分钟前,远方的鸟友还在手机上问有没有找到它。

在水泥桩阴影中乘凉的黑尾地鸦

　　它就这么出现了，而我们没有一点点准备。我们下车围过去，它也不是太介意，稍稍挪了一下位置，换了附近的一片阴凉地。戴着小黑帽，穿着小黑裙，有点犯傻的外貌加上走路时略带摇摆的滑稽相，黑尾地鸦开始让我们觉得此行有点观鸟的意思了。

　　其实，但凡名字中有个"鸦"字的鸟都不会真的傻。黑尾地鸦就很聪明地站在水泥桩的阴影里，既可享受高原凉爽的风，又让烈日无可奈何。万物为我所用，显然并非只是人类的专利。

　　得益于巴音河带来的源源不断的养料和水源，可鲁克湖区水草丰美、百鸟云集。湖畔的芦苇丛中，黑头白颊的芦鹀带着一点儿羞涩，偷偷飞出来看了我们两眼就躲了起来；文须雀呼朋唤友地聚在一起，压得芦苇秆晃晃悠悠也不在意，反倒享受起摇摆的乐趣；秀气的凤头潜鸭和大个头的赤麻鸭掠着水面飞过，引起不多的游人大声地赞叹；红嘴鸥在浮船和湖面上停歇，黑尾鸥凌空翱翔……没找到玉带海雕的身影也不觉得沮丧，学学无忧无虑的文须雀，在湖光山色间摆出各种姿势，逍遥得意，拍照留念。

　　从可鲁克湖到托素湖的路很有意思，临湖一侧是水量充沛的湿地，燕鸥、秧鸡、苇莺的身影不断；另一侧则地表龟裂，荒草寥寥数丛，除了伯劳尚肯停歇，再也寻不到一丝飞羽的痕迹。路的尽头是低矮而裸露的缓丘，缓丘渐渐滋生出五彩的条纹，而在那些迷人的条纹背后，托素湖湖面如镜，像位冷美人。

　　没有充足水源补充的托素湖是个不折不扣的高原内陆咸水湖，岸边除了耐盐碱的芨芨草和红柳之外几乎没有什么其他植物。湖边嗡嗡飞舞着"小咬"[1]和苍蝇，让人不敢靠近。

　　我们本想深入湖区去看一个被称为"外星人遗址"的景点，但是路

---

[1]　"小咬"是蠓类俗称，又称小黑虫、墨蚊、鸭蚊子、蟆子等，属双翅目蠓科，体型较小。有些种类的雌蠓必须吸取脊椎动物的血液才能正常繁殖，被称为吸血蠓；个别种类还传播乙型脑炎、丝虫病等。蠓在夏季较多，从事田野、草原和森林相关工作的人员极易受到侵袭，叮咬会引起局部肿胀瘙痒，有人对此过敏。——编辑注

况实在不堪,车速只能开到每小时约30公里,索性掉头又绕到湖区的观景台。能来这里的都是自驾游客,大家都在抱怨"外星人遗址"那段路太糟糕,调侃着那"外星人"就是不想让我们靠近。

其实这里的景色也不错,云水一色,波澜不惊,于茶卡盐湖"丢失"的"天空之境"在此处得来全不费功夫。虽然周遭没有丝毫的绿意,但在靠近断崖的湖里,普通鸬鹚和红嘴鸥早已在由淤泥堆积的小岛上安家落户。

我们继续往里走了一段路。身边除了不时地有几只普通燕鸥和红嘴鸥飞过,也就是一两只红脚鹬偶尔闯进视野。湖面上有一只凤头䴙䴘,还有一只也像是。等一等!那不是凤头䴙䴘,它的身材要娇小得多。因为现在长着并不是容易辨认的繁殖羽,所以究竟是在厦门每年都能见到的黑颈䴙䴘,还是国内难得一见角䴙䴘,只有等靠近了它才知道。

它却不慌不忙,全然不理会我们焦急的心思。好不容易距离勉强够近,却一个猛子扎进水里不见了。那一刻算是彻底明白什么叫"望穿秋水"!还好它总算冒了头,尽管距离依旧很远,但那平直的嘴和扁平的脑袋无疑宣告了我们真的交上了比看见"外星人"更好的好运——它,是一只不折不扣的角䴙䴘!

托素湖的面积有150平方公里,是可鲁克湖的三倍。可是缺乏水源补给的她,大又有什么用呢?如果时光的脚步不变,她将会在漫长的地质变迁中逐渐成为盐湖,最后死去。然而岁月漫长,谁又能保证不会有那么一天,这一对"情人"感动苍天,一番山崩地裂之后,可鲁克湖和托素湖终能变得心意相通,情人得以重聚?届时,巴音河的激流又会令托素湖起死回生。

"我把石头还给石头。"

海子死了,但德令哈还活着,那些诗歌和远方也都还活着!

# 柴达木盆地的毛腿沙鸡

天荒地苦,我在孤独地行走

不再是一位旅者

仅仅,是一个路人

车只在柴达木盆地外围绕圈,很后悔未能深入一下。现在仔细想了想,当时不是不能,是不敢。

环绕柴达木盆地的公路修得很好。白云是天上的海妖,吸引着我们朝她飞奔;山峦,无尽的、毫无绿意的、龟裂成碎石的山峦,像海底重重围拢的拖网,企图随时将我们一网打尽。除了逃离,我们别无选择。

身侧的荒漠草原上,植物分明生机勃勃,土壤却干涸泛白,让人看一眼就忍不住舔舐嘴唇,舔出血来也在所不惜。

这里并不缺雨,然而山破河老滩死,可以一夜间洪水泛滥,亦能一夜间消失殆尽。地表留不住水,只留下一道道扭曲的印记,像痛失孩子的母亲遏制不住一场场悲伤大哭后的泪痕。

德令哈向西150公里处,小柴旦湖的湖水泛着苍白的隐绿,仿佛初生的艾草铺满湖面。我们到达时,在岸边的山峦之上,乌云卷积,气势汹汹;细闻之下,隐约传来金戈铁马之声。未几,果然雨幕低垂。远看轻描淡写,宛若缥缈飞雾,若真身处那滂沱大雨之中,在酣畅淋漓之外,只怕逃脱不了一场惊魂。

我们匆匆别过,就像远处湖面上那只不知名的猛禽。它飞得看似坚

环绕柴达木盆地的公路

定从容，但深陷浩大空阔的旷野深处，似乎并不知道从哪里飞来，也不知道能飞到哪里去。

察尔汗盐湖是盐的世界。也许贪婪是人类雄心壮志最好的伙伴，为了开发盐湖资源，这里修起盐桥万丈①。尽管柴达木河和格尔木河汇集于此，但巨大的蒸发量和人工开采的双重压力使得湖水越来越咸、越来越浅，逐渐析出盐的结晶。从湖岸极目远眺，望不见丝毫的湖水。湖边只有白花花的盐碱渗出地表，仿佛雪后落满灰尘的北国大地。

没有一只鸟。世界在风声里静默，如同科幻小说中被"三体文明"摧毁的平面。文明究竟是什么？这或许要在文明没有触及的世界里才能找到答案。

在青藏高原上当时唯一的高速公路的尽头，我们尚未来得及与夕阳的余晖完成相拥和告别的仪式，银盘似的圆月，已经悄然爬上格尔木大清真寺巨大的穹顶。

---

① 柴达木盆地南部一段横跨整个察尔汗盐湖、长约32公里的公路，像一座桥浮在卤水上面，折合市制长达万丈，号称"万丈盐桥"。——编辑注

　　格尔木的羊肉比格尔木的繁华更让人留念,而南边的昆仑山是我们此行的目的地,但不是旅行的终点。因为过了格尔木,尽管我们一日千里,但柴达木盆地南边的风景并非沉闷得让人郁郁寡欢,而是会不时地、猛烈地撞击着你的心灵,让你忍不住停下车,站在无人来往的路边。无论烈日酷晒、狂风暴雨,还是云淡风轻,统统都不在意,你只想停下来看一看,看一看,再看一看。

　　格尔木向东150公里是都兰县诺木洪乡,一个故事比人多的地方。

　　我曾经很崇拜大自然力量的伟大,但是在诺木洪,曾经能将人囚禁住的自然环境,却丝毫阻止不了外界的贪婪对这里染指。这里盛产的黑枸杞多年前无人问津,忽然之间被炒作成黄金一样宝贵的药材。2015年在这里发生的一场大规模抢夺黑枸杞的争斗,让这个被外界遗忘多年的蛮荒之地再度成为世人的焦点。然而很快地,它又在众人的视野中消失——这是一个众人记忆不超过三天、到处都是狗血新闻的时代。诺木洪的故事或许只能像路边那条奔涌的小河,注定要消失在茫茫大漠,不留一丝痕迹。

　　继续向东。洪水河、清水河,都是只见河床不见河水。我们沿着公路两侧寻找鹅喉羚和其他动物的身影的时候,修路工人凑过来问我们是不是在找"黄羊"。黄羊是鹅喉羚的俗称,他们见过不少。看来时运不济,除了自己的影子和被风

毛腿沙鸡雄鸟和雏鸟(村长 摄)

吹起的沙尘，我没看到什么会移动的东西。然而，我们刚上车就看到路边一处小丛灌木里飞出两只毛腿沙鸡，明明就是刚才脚下经过的地方。

仔细想来，一是它们确实隐蔽得太好；二是人在"头顶流火，脚下生烟；遥对远山不辨层峦，近观沙棘难分生死"的境地之下，原本满心欢喜的探寻之心，恍惚间一下子就衰老了，觅不动了。

天荒地苦，我在孤独地行走；不再是一位旅者，仅仅，是一个路人。

直到香日德镇，柴达木河穿城而过，才有了人烟，也有了绿树。然而，我们未来得及在此停留，就又急急忙忙赶赴都兰县。

因为太着急赶路，同伴中有几人甚至为了一个岔口的方向选择起了点小争执，但其实无论走哪边都是可以的，而且距离也差不多。不过正因为这场很快就平息的纷争，我们停留下来，才看到黄嘴朱顶雀。那时天色近晚，这只外貌普通、浑身上下几乎找不出什么特色的鸟儿就停在路边，与我们的距离很近，近到让人在它乱中有序的褐色条纹中越发地迷惑。若不是一阵风来，吹起它腰间粉色的几簇羽毛，它的身份就真的成了谜团了。

有鸟看，说明我们回到了柴达木盆地东缘。尽管沙漠和光秃秃的丘陵依旧常见，但是地表植物密度明显增加，那些先前干涩的绿意也渐渐有了水色。然而，空气中有一股不安的氛围在搅动着，吹在身上的风开始变冷。乌云再次被召唤，那些与我们贴得很近的山峰开始陷入昏沉之中。我们不想变成落汤鸡，车加速飞奔，即使有白头鸭在深情地挽留也不停。

都兰的县城很小，晚霞却如血般铺天盖地。

翌日清晨离开都兰时，沙柳河河谷已然是一片高原湿地之貌，水波潋潋，花如繁星。我们在路边稍作休憩，那些鸟儿就迫不及待地出来欢迎我们。只是不知道出于什么样的缘故，这里的小鸟都不肯装扮自己，一个个那么地不起眼，纵然就在我们身边的草地上跳跃不停，还是让人有些寡兴。忽然又来了一只，依旧是身裹素色蓑衣，不过白眉细亮，脸颊黑中带黄，隐然有几分世外高人之风，像电影《功夫熊猫》里的师父。褐岩鹨，数年前在青海湖边错过的鸟种就这么收了！

　　穿过沙柳河河谷，盖在棉被一样的云层之下的远山，懒洋洋地依旧不肯醒来。然而，我们的环柴达木盆地之行，就这么接近尾声。至于盆地中央究竟是怎样的景象，何年何月再与何人同来一探究竟，也只有天知道了。只希望那时候的我不再只甘心做一个匆忙的路人，而是不疲的行者：准备得充分一些，时间宽松一些，重要的是，心更勇敢一些。

柴达木盆地的"云被"

# 野性昆仑山

见我们不动
它便停下来啃啃身边的青草
像喝一杯下午茶那么悠闲

据神话传说,西王母爱上了穆天子[①]:"白云在天,山陵自出。道里悠远,山川间之。将子无死,尚能复来?" 穆天子允诺三年为期:"子归东土,和治诸夏。万民平均,吾顾见汝。比及三年,将复而野。" 只可惜,并不是所有的爱情都有一个美好的结局。穆天子再也没来,西王母便关闭了人间通往长生不老世界的大门,在美玉堆砌的昆仑山中,懒卷珠帘,蛾眉深蹙。

巍巍昆仑,中华文化里的"万山之祖"。如此唐突地就来朝拜,心里惴惴不安,只有我才会这样么?

从格尔木出发,进藏的大货车将唯一的公路堵得死死的。等我们一点点挪近才知道原来这里有道关卡,但检查证件的警察小哥有张连尘土和皲裂黝黑的高原红都遮盖不住的灿烂笑容。然而,昆仑山并不打算给我们一个仁慈的拥抱。她甩给我们一片长达数十公里、寸草不生的荒原

---

① 穆天子,即周穆王,姬姓,名满,为周昭王之子。穆王致力于向四方发展,曾两征犬戎,把部分戎人迁到太原(今甘肃镇原一带);还东攻徐戎,在涂山(今安徽怀远东南)会合诸侯,巩固了周朝在东南地区的统治。后世流传穆王西征的故事,如在晋代汲冢出土的战国竹简《穆天子传》所载,虽多不真实,但反映了当时穆王意欲周游天下、与西北各方国部落往来的情况。此处西王母传说故事见于《穆天子传》卷十五。——编辑注

发源于昆仑山的格尔木河对河床的剧烈切割

还嫌不够,又扬起漫天黄沙,喝令山丘隐遁,沟壑藏形——来自人世间的打搅再度激起了西王母的愠怒,而我们唯有小心翼翼。

在这单色系的世界里,河流在自己切割出的深谷中孤独地发泄着旺盛的精力,终于在某一处平息了下来,转瞬就凝成了一滴眼泪。出乎意料的是,这滴激情耗尽的眼泪竟然美得盛下了整个天空的色彩。也许是这是穆天子归途中不舍的泪水,它洗干净了尘霾,平复了西王母不安的心绪。

昆仑山,终于肯在这里毫无保留地向我们敞开胸怀。她用一股清泉,如地涌金莲,润泽了所有干涸的眼睛。

路还很漫长,但雪山已经迫不及待地跳到眼前。风从四面八方汇集于此,棕尾鵟在头顶翱翔,我们的情绪却已经有些癫狂。那些坚硬的岩石在冷热间龟裂成砾,温柔的土丘被冲刷出血脉一般的沟槽。岁月无情,可岁月有痕。

也许是高原反应引起的幻觉,我总疑心山顶的覆雪、山谷的冰川是凝固的流云。它们或成丝丝线线,像纤纤细指勾画的情丝缠绵;或如碎絮轻舞,让人怅惘那天堂之上是否亦有长柳依依,意欲执手相看。

然而不见人烟之处,一些厂房像山间冒出的巨大伤疤,令我猛地醒来。来一瓶含咖啡因和牛磺酸的饮料刺激一下吧!这世界不需要幻想,某些时候金钱至上。我搞不懂为什么人们要把家门口的河流湖泊污染之后,要来喝这里的千年雪水。西王母的长生不老药早已经没了,当穆天子车马萧萧、掀起黄沙漫漫要回去治理他的天下的时候,就已经没了。

我们一行四人都是第一次来昆仑山。鸟友"小拜"和王杰可能是第一次看雪山,他们俩想喊出来,我和小顾则更愿意就这么静静地看着。

山无言,但融雪汇集后,辫状河的河床上满是粼粼波光,每一处闪动的似乎都是山的窃窃私语。这些连风儿都不知道的秘密,灰鹡鸰听得懂。它甚至似乎在劝慰着什么——从这一处溢满的光跳到那一处浅浅的影,低着头,也报以喃喃细语。

垭口的风扯着五彩的经幡猎猎作响,索南达杰烈士和藏羚羊的塑像如神一样高高俯视两侧。跨过去,就是可可西里。这里是大多数游客的终点,而人聚之处,喜爱凑热闹的棕颈雪雀定然少不了。无论是游人丢弃的垃圾上,还是在宣誓管辖权的保护区界碑上,它们都无处不在。

可可西里是野生动物的天堂,无非是因为它的严酷对曾经不能借助外界力量的人类而言是个地狱罢了。那些曾冒死前来偷猎和非法收购野

走在青藏铁路桥墩旁的藏野驴

生动物的人如今并非全部消失了,只是因为藏羚羊的羊绒贸易被禁止之后,羊绒不再值钱,他们或许转而去挖虫草、抢黑枸杞、走私穿山甲和象牙而已。

感谢索南达杰们不懈的付出,这里的藏野驴就在我眼前漫步。透过望远镜,我可以看到它大而剔透的眼睛里反射的雪山和蓝天。遥远的地方,野牦牛披着黑色的披风,长毛像流苏一样拖到地上。

雪峰之下鲜花盛开。我不认识它们，甚至不懂得欣赏它们的美，不过这并不妨碍什么。阳光之下它们开得诚意满满，期待风或者别的什么带来一场你我同样渴望的爱情之旅。

一只高原鼠兔闯进我的视野。它先是奔跑，然后蹲下，回头看看我，再继续奔跑。我这时才看清它嘴里竟然叼着一簇黄色的鲜花。它也是去寻找爱呢！西王母关上了通往人世的大门是对的，门外的那个世界太复杂，理解不了这里简单而坚定的爱。

冻土鼓胀成一个个硕大的山丘，格尔木8.1级大地震给大地留下了一道浅浅却绵延近千里的裂痕[①]。造山运动的剧烈抬升和流水切割出多层台地，这些地质奇观虽然很容易被人忽略，然而并不需要特别多的地质学知识就能识别。这就好像一位身着高档定制服装的人，站在一群穿着打折季购买的名牌服装的人中间，多一点细致的观察就会发现原来是那么的不同。这些布满大地表面的一道道密语，一次次地诱惑我们想继续深入可可西里。可惜，时间并不允许。

笔者身后远处是闻名遐迩的昆仑山脉的玉珠峰

那么，就把有限的时间放到肆无忌惮的兴奋中去吧。海拔4 700米，把高原反应抛在脑后，跳吧！跳得高高的，跳得飞起来。世界那么大，我们终于来走走了！

回程的路上，王杰说："师傅，你给我们找一只羚羊看看吧。"大

---

① 2001年11月14日在昆仑山口西侧发生8.1级强烈地震，是当时近50年来我国震级最大的一次地震。这次地震形成四百多公里长、几十米到几百米宽的破裂带等现象，是迄今为止中国唯一、世界罕见且保存最完整、最壮观和最新的地震遗迹，被国际地质学界公认为研究喜马拉雅造山运动和强地震机理的活材料和天然课堂，也是全球大陆其他地点无法媲美的。——编辑注。

约因为刚才蹦太多,脑子缺氧了,我竟然应口说:"好!"

牛皮既然吹出去了,硬着头皮也得找啊!车在飞奔,我的眼睛像高速摄像机一样连接着紧张的大脑。忽然,远处泛青的地面上有一点点泛黄,就一眨眼的工夫,脑袋里已经"警铃"响起,嘴上同时大喊:"停!停!停!"然而,车速的确太快了,停下来的时候已经冲出去百米,目标弄丢了。

男儿怎会轻易言弃?我们奋力爬上小坡,举起望远镜四下里扫过去。没错!在200米开外的凹地上,就在那里,一只藏原羚卧在地上,露出小半截身子和带着弯角的脑袋。它也看到了我们,警觉地站了起来,不过并不慌张,一开始小跑了几步,旋即放慢了步伐,慢悠悠地走开,中间还不时地回头看看我们几个。见我们不动,它便停下来啃啃身边的青草,像喝一杯下午茶那么悠闲。藏原羚的确缺少藏羚羊那样的矫健,可那份萌宠和傲娇也真是让人看得拔不出眼来。

天知道穆天子当初究竟为什么没有再回到昆仑山,反正我们都想好了,这里,还要再来的。哪怕世间再无西王母,我的爱"徂彼西土";即使世间有华屋雕梁画栋,我的爱"爱居其野";就算此生还会遇到各种喜好,我的爱"虎豹为群,於鹊与处"。是的,我们的爱,简单但永不停歇!

# 来一点点冒险
## ——棕薮鸲寻找记

躲在车门的阴影里
将哈密瓜大卸八块之后大快朵颐
看着自己晒成烤肉色的胳膊
与金色的瓜瓤形成的鲜明对比
实乃人生一大幸福

哈密的瓜还没到最甜的时候，吐鲁番市鄯善的瓜已经甜到让人说不出话了。在戈壁滩上流火般的烈日之下，躲在车门的阴影里，将哈密瓜大卸八块之后大快朵颐，看着自己晒成烤肉色的胳膊与金色的瓜瓤形成的鲜明对比，实乃人生一大幸福。

新疆的瓜果甜，新疆的美食多。来之前做好了胖三斤的心理准备，结果胖六斤回来！我知道减肥不易，然而——鲜嫩多汁的手抓羊肉、清香的小白杏、脆甜的油桃、一口咬下去满嘴香气直接灌到肺里的烤包子，就连馕饼这种干巴巴硬邦邦、看上去毫无创意的大路货，起初只是勉为其难地咬一口，竟然发现也是奶香扑鼻，让人回味良久——整天都被诸如此类的美食包围，再想想下一次这般时时唇齿留香也不知道是哪个年月的事情了，如何还能管得住嘴、顾得了胃？

此次新疆之行，我们团队中9个人的目的各不相同，其中有人将观赏风景排第一，也有人视观鸟为首要任务，还有人最大的愿望是遇到大型兽类。这些都好办，毕竟鸟兽之居，大多远离人类，亦是大美之地。可对于美食，并不都那么容易协调。天南地北的人儿凑在一起，各自的口味五花八门；起早贪黑的观鸟行程也要求我们一路上都尽可能地"快吃饭",来碗面是最常见的选择。当然,也有点菜吃"大餐"的时候,不过多半是那天没有看到什么鸟,早早地结束才有机会。似乎一日之内,好鸟和美食往往难以兼得,不免有些遗憾。

我喜欢吃羊肉,也爱喝奶茶。因此,那几个在老板娘奇怪的眼神里用可怜兮兮的语气要求往咸奶茶里放糖的队友,是注定难逃我的"鄙视"的!改变口味很难,而尝试新的口味不仅需要放下自我的执念,也需要承担或许不快的后果。可你能来几次新疆啊?能吃到几次连名字都叫不上来、也不知道该怎么吃,甚至连用啥做的都不知道的东西呢?何不来一点点"冒险",让人生经历更多精彩?这就像我们到无人区观鸟那样,不是么?你看,那位哈萨克美女看着你们对着她们的传统早点"包尔萨克"①不知如何下嘴的囧样,又偷偷地笑了!

吃货需要冒险精神,观鸟者更不必说。就像前段时间的那个晚上,我们若不是在市郊从公交车转当地的社会车辆,然后转长途公交车,再转出租车,最后包车,棕薮鸲哪里就能在清晨的第一时间、在我们刚刚翻过沙丘、朝阳还躲在红柳和梭梭背后睡眼惺忪之际,就开始站立在枝头冲我们放声歌唱?那一夜的辛苦全都值了!

棕薮鸲

棕薮鸲美么?只能算勉强吧!褐色的身躯,尾巴若是扇开,倒也像一把镶嵌着白玉边的橙色折扇,可也仅此而已。它的歌声也算动听,但是并不比随处可见的新疆歌鸲更加婉转,尽管后者更加朴实无华。

我们如此周折就为了它,值么?小七肯定觉得值,因为在他

---

① 包尔萨克是哈萨克族民众喜爱的一种类似炸油饼的小吃。

心中鸟儿是第一位的。我也觉得值，因为这个地方我自己一个人断然不会再来。既然一生可能只来一次，还看到一种比较罕见的鸟，有何不可？更何况有多少人来此沙漠地带，夜里忍着蚊叮虫咬、床榻凌乱、鼾声震天，白日顶着似火骄阳、干渴难耐，却半眼也不曾见到棕薮鸲的影子？我们是幸运的，临时改变行程，却有手到擒来的收获。此时快乐到极致，以至于连无意中看到棕薮鸲的巢也不是特别兴奋，还不如后来在它附近看到飞起的毛腿沙鸡激动。

　　一切都来得太容易吗？当然不是！这只是一种表象而已。且不说那天众人奔波的辛劳，以及一遍又一遍接受安检的烦琐，若不是小七、若晗和丫丫他们不厌其烦地联系、问询、打听、重新商议等，我们又怎么可能最终顺利抵达道路如此坎坷，以致当地司机都险些迷路的这片沙漠地带？

　　在这里我第一次认识了骆驼刺。细嫩的绿叶被张牙舞爪的坚硬锐刺包围着，据说只有当地放养的骆驼凭借粗糙但柔软的舌头才能吃到这些绿叶，而这种植物却为其他动物提供了庇护。这不，一只沙蜥被我们发现后，快速地躲进一簇骆驼刺里面不肯出来——它知道什么是冒险，什么是可以依赖的。就像我们这个团里的人，尽管素昧平生，"鸟路相逢"看似有一点冒险，而且一路上亦有众多不同的意见和看法，但对于小七他们几个年轻人的整体计划和安排全都绝对信任。这正是我们最终收获良多的保障，也是情谊缔结的基石。

# 乌鲁木齐南山
## ——起点与终点

岁月轮回，有些事情仿佛冥冥中注定

你我所需，不过是在某些"无奈"中调整心境

如流水过石也好，似风入松林也罢

晓得"无痕有声，声里有情"便是

如果新疆行是一本内容精彩的书，乌鲁木齐市郊的南山便是印制在腰封上的书摘。打开它，你才能够一窥端倪。

不久前还在乌鲁木齐热烘烘、浑浊浊的人浪车流中喝着卡瓦斯[①]，这会儿车开着开着雪山下的草甸就扑面而来。阳光亦跟着透明起来，带着青草香味，像坐在我旁边的维吾尔族阿姨的笑容。她告诉我她是去南山泡温泉的，问我们是否也这样。

我们没有心思去享受温泉，因为一下车发现这里的景区大门上赫然写的是"西白杨沟"，而我们计划要去的是东白杨沟。逆光下，高高的山梁好像一个巨大的人影，似乎带着让人心烦意乱的嘲弄。

然而这里风光如画，我们又大多是第一次来新疆，看看环境也不像没有鸟的样子，索性将错就错，照样雀跃不已。

果然，下车就有鸟。

毛脚燕将家就安在停车场的屋檐下，钴蓝色的身影在眼前来回飞

---

① 卡瓦斯是一种土制啤酒，以大麦（也有采用黑麦或荞麦）、玉米等谷物、山花蜜和啤酒花为原料发酵而成，其酒精含量仅0.3%～0.5%。它源自俄罗斯，后引入我国新疆，夏季在新疆颇为流行。

闪，全窝育雏繁忙不已。牧民的蒙古包四周，黑鸢或盘旋或停留，近到可以用手机拍摄。小嘴乌鸦也很多，在开满紫色报春花的山坡上如顽童般相互追逐，而在那些花上，艳如宝石的甲虫们正做着春天的美梦。

真正的惊喜从一根纤细的杨树枝上开始。

那是一只林鹨。论外貌，它比不了那些在南方越冬的树鹨。树鹨好歹还带着几分绿色，而它就像树鹨在黄土里打了个滚。然而，当林鹨一亮嗓子，树鹨立马完败。它那充斥山谷、令人心耳愉悦的歌声，如山风绵延不断又时时变幻无常，就算画眉来了也会甘拜下风。当真是春天的魔力啊！

人不可貌相，鸟亦如此。新疆此行，我看了近200种鸟儿，加了近80条野外目击新纪录，最大的感受正是这一点。

杨树枝并非只是林鹨的舞台，灰白喉林莺也是这场山林歌剧主角的有力竞争者。金额丝雀也来了，它虽然没有动人的嗓音，可凭借自诩的花容月貌，也时时企图独上高枝。穗鹏尽管拥有苗条妙曼的身材，可是已经退出了炫耀的舞台——带着宝宝的它，已全心全意回归家庭生活。躲在路边的石头缝里嗷嗷待哺的小穗鹏已经迫不及待地跳出来乞食，当妈妈的它哪里还有心思与其他鸟儿争奇斗艳？

游客向左，我们向右。右边有森林，有水沟，有草原，最关键的是还有飞鸟的影子。

可是，你不可能忍住先伏下身子去看那些花儿啊！像暗夜里闪烁的星星，像梦河里翻涌的浪花，像恋人多情的眼睛，它们小小的，但充满了力量和诱惑，仿佛在喊着："你看你看，整个草原都是我的！"于是我们趴在地上，用匍

灰白喉林莺

匐的姿态去仰视看似孱弱瘦小的它们，巍峨的高山随即映入镜头。哦，我懂了，大山才是它们骄傲的源泉！

山高无树，色幽如墨。再仔细看，白云如薄纱轻依，猛禽似魅影划过，刚柔并济，大有来头。那猛禽翼展并不算宽大，却翼指怒张，霸气隐现。它御风极速而至，待我们刚回过神，已在众人眼前近乎平飞而过。我们正惋惜未能看个真切，它却尾羽轻摆，翼指微拧，竟又盘旋而归，与我们正面相向，双肩各有一个令人瞩目、犹如车灯的白斑——靴隼雕！我们抑制不住激动，它似乎也很开心——绕着我们的头顶盘旋良久，时不时地还来几个花样转身的动作，恍惚间让我觉得它像一只宠物。靴隼雕是位列我此行目标清单上高难度级别的鸟儿，看得毛发可鉴，心也醉了。

我的目标清单上还有一种鸟儿——白头鹀。在新疆，白头鹀并非太难见到，但是我喜欢它"白了少年头"的模样。小时候常被父母教导"莫等闲"，偏偏我如今就是个闲人，在同龄人事业有成、合家欢愉之际，浪费着大把的光阴。山水有情却不能陪我到老，于是，我只好用青春（如果我还算拥有她的话）来陪伴这些鸟儿。幸运的是，白头鹀如约而至，它的歌声纤细，有着规整的节奏，却在最后连着一个突兀的变调，仿佛终究不肯接受束缚，倔强地，定要唱出胸中的情义。

林岭雀

几只林岭雀从云杉林里飞出。它们的花袍子上画着燕雀般的花纹，色彩虽有些黯淡却堪称素雅。我想起小时候有一户邻居，一家人虽不富裕，衣着却永远素净整洁，让人现在回忆起来仍然觉得舒服。不久，林岭雀停在一株冷杉上，而那株冷杉因为恰好处在河道中，显得尤为特别。我将那株"孤独"的冷杉作为背景，拍了一张又一张鸟友们观鸟的照片。

上天待我们不薄。随着我无意间转动镜头，河谷上方的山峦之巅，忽然出现了一个，不，两个，最终三个高高昂起的头颅。马鹿！还能有比这更激动人心的事情么？在此之前，连看到灰旱獭这种草原上不时翻滚的小肉浪就足以让第一次来高原的我们激动得忍不住喊叫起来，这三只马鹿如此平静而优雅地出现，我们的内心怎能不为之汹涌澎湃？

马鹿的出现将南山观鸟推上了一个无法超越的高点，全队儿乎都疯狂了——除了"镜头里只有鸟儿"的刘阿姨。于是对于下一步，我琢磨还是去看看风景吧，好歹门票花了几十块。小七、若晗等几个终究架不住我的软磨硬泡，被我拐到小路上坎坷而行。然而，虽然看到了宛若林中白衣少女的铁线莲，还有塌方的石滩上绽放的粉红报春和众多叫不出名字的野花，也听到不少鸟儿的鸣唱，最终却傻了眼——前方的道路被激流阻断了！

那本是一泓清泉，却因为前几日的降雨变成了让人无奈的湍流。有两位先前落伍的队友沿着大路追赶我们，正好看见我们困顿于此，一番大笑，拍摄我等囧状之后竟然舍众人悠然而去。实在是"世风日下，人心叵测"啊！

掉头吧，前路不通，回头便是前路。

我们老老实实地沿着山路前进，打量着这天山的谷地。云在山谷上空飞动，流水在脚下带着寒气奔涌，巨石在河谷矗立，山坡上森林与灌木交错。纵然我见过不少类似的场景，照样心涌豪情，想去那山顶俯瞰众生。

脚力耗尽时，隐匿在山谷尽头的巨瀑终于呈现在眼前。高崖之上，银龙探底，震耳欲聋的水声充斥耳膜，水沫如细微之寒冰将周身的暑气吞噬殆尽。那一刻，我相信，有情人眼底是能看见彩虹的。

当我们在北疆绕了一圈回到乌鲁木齐之后，又去了一次西白杨沟。因为我们的司机兼半个鸟导的张师傅听说我们错去了西白杨沟后，要带我们去"东白杨沟"看鸟，结果停车的时候大家都傻眼了——还是原来那个熟悉的地方！后来才知道，景区的名称是政府最近才统一定的，新疆本地鸟友嘴里的东白杨沟其实就是西白杨沟。无怪乎那天事后总结的时候小七跟我说："咱们来错了也无所谓，他们看到的鸟，我们都看到了。"

其实在那天之前，我们还有一种鸟没看到——三趾啄木鸟。这是我此行的目标鸟种之一，当然也位列高难度的清单之中。正是由于张师傅的"糊涂"，才让我们在历经了两千公里之后，在南山的森林里，循着它铿锵有力的啄木声，已然有些疲惫的身心再度亢奋起来。它起先躲躲藏藏，最终给所有人来了个完美的亮相——8米外，无遮挡，望远镜里3个"爪子"清晰可见。虽然这仅是一只雌鸟，但谁也不能再奢求更多了。

张师傅人很好，车行一路，每当我们陷入困倦之际，他就边开车边留心路边的鸟况，不少鸟儿都是他第一个看见的。在最后一天，我们因故取消了次日的包车。当他听说我们第二天便走，原本没有计划在当天去的一个观鸟点，他中途拐弯就去了，全车人都为他鼓掌。褐头鸫也很配合，在夕阳下，在粉红色花海的背景前，它用璀璨的金色身躯和华贵的头羽，给我们此行定格了最后的永恒回忆。当然，也有点小遗憾，因为车厢狭窄的空间里一时人头攒动，若晗没有看到褐头鸫。好在"朱大师"拍到了最佳的版本，能和她分享。这一路走来，他们俩已成自家人了。所以，我时常说："观鸟的收获，往往并不在鸟。"你懂的！

南山是一个起点，也是一个终点。岁月轮回，有些事情仿佛冥冥中注定。你我所需，不过是在某些"无奈"中调整心境，如流水过石也好，似风入松林也罢，晓得"无痕有声，声里有情"便是。

# 胡杨林，难以拒绝的爱

密林深处是谁隐约在唱歌？

在最美的时候遇见你

那不是一场风花雪月的事

而是胡杨林里三千年不老的传说

绿色已消逝，枝干粗糙，即便有"新疆蓝"的天空和变幻的流云作背景，不是金秋时节的胡杨林依旧有点让人提不起精神。更糟糕的是，六月，无论在克拉玛依市乌尔禾的郊外、阿勒泰地区布尔津的额尔齐斯河①边，还是在阿勒泰市郊成片的胡杨林里，观鸟都不是一件惬意的事情。并非鸟少，而是"蚊子"多，多到你想哭！

其实，这些地方咬人最厉害的并不是蚊子，而是被称为"小咬"的蠓类，后者是一些叮咬时让人有剧烈刺痛感的小恶魔。20年前我在东北读书时，听老人家说，过去大兴安岭的土匪有种酷刑，就是将人脱光了绑在森林里，一夜之后便被无数的"小咬"吸成干尸，足见其凶悍。

对"小咬"来说，防蚊水没有任何意义，从"西洋"进口的阻隔霜也一样是"战五渣"。最有效的防护莫过于用厚衣服裹紧自己，头上再套个"丝袜"，呃，不！是防蚊罩！

"小咬"找不着其他地方下嘴，转眼像发现新大陆一般疯狂地进攻藏不住的双手——没办法，虽然备有手套，可必须拿望远镜，也不得不端相

---

① 额尔齐斯河是我国境内唯一属于北冰洋水系的河流。——编辑注

白背啄木鸟

机。仅仅在布尔津，我两只手上就多出了40个红包。唯一值得安慰的是我对它不过敏，包虽多但不太痒，忍忍痛也就过去了。

大凡受了苦难，都好歹能有些收获；又或许，苦难本就是看护着珍宝的异兽，只有踩着它的身躯，你才能实现目标。胡杨林里，我们的目标鸟种，正鸣歌轻唱、翩翩起舞。

白背啄木鸟最不容易被忽视的行为是怪异且不停的大叫，伴随着机关枪一样的敲打砧木声。在遒劲的古老树干上，到处都是它的餐厅。吃货大抵如此，只要可以吃得不亦乐乎，是不在乎被我们撞见其难看吃相的。黑白相间的花翅膀一张开便露出如雪白背，相比之下，鲜红的小红帽反倒没那么显眼。灰头绿啄木鸟的活跃不输于它，甚至更甚，连巢穴也就筑在一人半的高度。灰头绿啄木鸟还每每几乎跳到我们面前，让望远镜成了废物。

最让人激动的是小斑啄木鸟。我们正纠结于金黄鹂所隐匿的树冠，又受不了"小咬"的骚扰，准备离开之际，听到对讲机里传来另一小队发现小斑啄木鸟的消息，急忙又冲了过去。万万没想到，最先映入眼帘的竟然是"葱哥"的大屁股——独角架和他岔开的大长腿构成了稳定的三角，而他后仰的脑袋、俯下的身子和撅起的屁股彰显了拍鸟能将人扭曲到的最高境界。啧啧！

小斑啄木鸟虽然稀罕，但没什么特别值得夸耀的花纹和色彩，只是由于个头小，显得异常乖萌罢了。它顺着一株笔直的白杨往上蹿，嘴里还叼着好几只蛾子，显然育雏是它当前的头等大事。我们在树下围着它看或者拍，却找不见藏着它宝宝的树洞，这才恍然大悟——它是害怕我们发现宝宝的位置，所以迟迟不肯回家。当然不能让宝宝挨饿，于是两三分钟后我们全部撤离。

几家欢喜几家愁。

我们往外还没走几步，头顶忽然来了四五只黑鸢，急急地盘旋俯冲，还罕见地带着尖锐的嘶叫。与此同时，一个黑影猛地从身边的一棵老树上蹿起，然而并没有飞远，就落在与我们一溪之隔的树上。

这是只燕隼，它如邪魅的锦衣公子，舔舐着带血的爪子。在它刚刚离开的那株老树上，赫然是黑鸢硕大的巢，想必里面的雏鸟已经惨遭杀戮。难怪平素孱弱的黑鸢竟然也一改常态，充满了愤怒的暴戾。只是那燕隼已然得手，又如何肯轻易放弃？脸黑如斯，心肠亦是毒辣！它不肯远离，分明是还企图找准机会再回去进食。

胡杨林里昆虫多，以昆虫为食的小型爬行动物和鸟类自然也多，进而猛禽也不在少数。燕隼是其中之一，褐耳鹰是其二，只是后者要罕见得多。

如果说棕袍粉靴的燕隼是锦衣公子，褐耳鹰便是一介儒将——青灰长袍罩着淡粉胸襟，宝珠在额，目耀橙金，腿长若竹，爪如金钩，不怒而威。连惯于欺负莺燕、"流氓成性"的大杜鹃，见褐耳鹰大驾光临，在回避躲闪间竟然有些慌不择路，险些撞上一枝横桠，一脸的狼狈。

胡杨林也是长耳鸮和纵纹腹小鸮的家。胡杨林下多是沙地，周围一般也有些农用地，如果没有它们，想必跳鼠、大沙鼠之流会活得滋润又放肆。我们并没有看到成年的长耳鸮，只看到一只尚不通"鸟"事的长耳鸮宝宝。在它以炫技的270°角来回转动的大脑袋上，具有令人难以抵挡的魅力、忽闪忽闪的大眼睛从未停止过打量我们。当我们四目相对的时候，我简直要钻进它那深邃又充满好奇的眼神里。纵纹腹小鸮干脆从树缝中探出头观察我们，眼睛都眯成了三角形，可这一副奸猾的嘴脸转瞬间却因为打了个哈欠，又变得憨态可掬，让人忍俊不禁。

我们数次忍着"小咬"的攻击去各地的胡杨林，还有一个原因——在胡杨林的灌丛中，隐匿着众多的一流歌手。靴篱莺、赛氏篱莺、布氏苇莺、灰白喉林莺、白喉林莺，随便哪一种唱起来都如清泉叮咚石上。若是肯倾心聆听，能觉察出它们彼此各有其妙就更有趣味了。

靴篱莺如百变梅姑[1]，用一连串带着颤音和口哨声、交织反复的短小章节，凑成华丽的长曲，让人如入幻化之境，应接不暇。赛氏篱莺的歌喉稍显低沉，频率却是极高，转瞬之间三五种变化已随风直灌入耳。布氏苇莺仿佛是个浪荡公子，正在调戏眼前路过的美女，哨声悠长而轻浮，偶尔还带着"啧啧"之声，炫耀性地挑高了音节。灰白喉林莺的三个音节如逐渐叠起的起伏山峦，而在最后的音节上，喉咙抖动得连肌肤都快露出来了。它们都这么拼了，你若还嫌弃唱得不够好，那就是你的不是了。白喉林莺虽然比灰白喉林莺看上去土气一些，唱功却更胜一筹，因为聪明的它比后者的调子起得稍微低一点，自然后续有了更大的发挥空间，婉转多变如碎珠入盘，像管弦乱弹，又似风打铃铛。

与这些外表朴素无华的莺类比起来，苍头燕雀红脸粉胸可谓貌美如花。只是它的叫声初听细腻可人，但翻来覆去就那么独一个撒娇的节奏，听久了不免觉得有些空洞乏味。

苍头燕雀

胡杨林边多河流，矶鹬是常客，白冠攀雀也不少。白冠攀雀是娇小玲珑的工艺大师，将柳絮、羊毛从四处叼来，几多往复，几番辛劳，一个个侧向开口的"布袋"便在河边杨柳林的垂枝之间悬空而成，那是它们的爱巢。不知道是否因为河边风大，白冠攀雀的黑眼眶如同摩托车手的风镜，平添了几分神气。我们对着那些巢端详良久，自愧号称"万灵之长"的我们实在是比不过它们精湛的"嘴艺"。

---

① 梅姑是香港已故著名歌手梅艳芳的别称，以醇厚低沉的嗓音和华丽多变的形象著称。——编辑注

　　尽管叫声响彻胡杨林上空，我们最终还是未能近距离一睹金黄鹂绚丽的容貌。无论在慈爱如地母一般汩汩流淌不息的布尔津额尔齐斯河岸边，还是在被绿毯一般的农场团团包围的乌尔禾，又或者森林已然绵延成片望不到尽头的阿勒泰市郊，胡杨林宛若一位心机重重的美人，并不甘愿一次性就向我们穷尽其魅力。她用"小咬"拒绝我们的深度造访，却一次又一次用鸟儿勾引起我们探究的欲望。

白冠攀雀用羊毛做的巢

　　也许是因为我们还不曾有机缘在秋风起时来此盛赞她黄叶漫天之绝美，反倒偶尔嫌她当下有些"年老色衰"，胡杨林就将灿若金秋之叶的金黄鹂雪藏起来，任由我们苦苦寻觅也不得相见。果真是她心量窄小，还是我们误会了她的心思？金黄鹂那声声入耳的鸣叫，本是她发出的一次次期待再相逢的邀约？

　　在那密林深处，是谁隐约在唱歌？在最美的时候遇见你，那不是一场风花雪月的事，而是胡杨林里三千年不老的传说——我一次次地离开，又一次次地归来……

# 美哉,喀纳斯高山草原①

花瓣是深沉的紫
是每天晨曦时从刚开启的天幕上扯下的颜色
花蕊是金灿灿的黄
蘸了日照金山时天上流淌下来的"蜜汁"

在厦门参加一个会议时,宾馆的住宿条件很好,外面绿草如茵、繁花似锦。然而,我并没有散步其中的雅兴——当时刚刚从新疆归来,对眼前这些人工植被,终究有些看不上眼。

新疆最美的是高山草原,或者说,高山草原必然是美的。高山草原的雄壮足以让人敬畏臣服,而它的细腻又让人忍不住去亲昵依偎。有如此吸引力,靠的当然不是暴戾的坏天气和让人觉得不寒而栗的孤独,而是它所滋养的万物透出的生命之力,是"万物霜天竞自由"的繁华生命所彰显出来的,天地间独一份的包容。即便还散布有荒石,其色彩也是时光留下的斑斓记忆,是野花灼灼风姿的绝佳映衬。

不说那么多其他的了,说此次观鸟。

---

① "高山草原"是一个习惯用法,本书泛指高山地带的草原和草甸。草原往往指在中低纬度的温带和热带干旱区半干旱气候下,由旱生或半旱生的多年生草本植物占优势的水平或垂直地带性植被类型,如温带草原。草甸是分布在气候和土壤湿润(中度湿润条件)、土壤富含腐殖质的无林地区或林间地段上,由多年生中生草本占优势的植被类型,如高山草甸。草甸草原是在温带半湿润、半干旱气候条件下,多年生禾草和中生杂类草占优势的植被类型。——编辑注

高山草原

# 转　场

　　牧羊犬狂吠，牧民纵马飞奔，手底的套索不时地抛出去，毫不落空地将那跑偏的牛羊拽回正路上来。牧鞭撕裂空气，响声在草原上回荡，就连我身边的地松鼠[①]听了也忽地立起身来耸耸鼻头，貌似静止不动却在微微颤抖。不过等它们看明白了这不过是家门口年年都发生的平常事之后，便转头几只又凑一起嬉闹，将矮小的野花压在身下，打起滚来。

　　爱唱"美丽的草原我的家"的不只是牧民，还有寒鸦。寒鸦不像大漠上的渡鸦那样硕大到令人恐惧的程度，也不像高山寺庙周围的红嘴山鸦那么狡黠，但比起荒原上似乎被剃坏了头发的秃鼻乌鸦，看上去又漂亮许多。哈萨克族白色的毡包外面是它们最爱聚集的地方——这种聪明的鸟类早已学会了在草原上与人类结伴而居。虽然它们是令人讨厌的"白眼贼"，但也是草原必不可少的"清道夫"，还是小孩子们追逐的玩伴。那些抱着羊羔、脸上带着"高原红"的童年若少了它们，眼神大约会

--------

[①]　地松鼠是当地牧民对长尾黄鼠阿尔泰亚种（又名阿尔泰黄鼠）的称呼。

寂寞很多。

白背矶鸫个头当然不能与寒鸦相比,但两者热爱草原的心是相同的。白、橙、蓝和黑四色凑成的外套在绿色的草甸上显得很招摇,然而这天地间的舞台足够大,白背矶鸫再怎么招摇也不为过。你再瞧,在那比大地更宽广的蓝天之上,高山兀鹫、秃鹫像神祇般俯瞰领地,带着骄傲的淡然掠过白云;草原雕如同御驾亲征的国王,所到之地皆如疾风而过,不怒而威。虽然大鹭像是将军,带着严峻的深情驻守一方,可惜它手下的黑鸢都是散兵游勇,甚至有些像盗匪,只凑着数量多,终究还是乌合之众,连寒鸦都不大正眼瞧它们。不过也幸好如此,草原上的地松鼠、高原鼠兔等小动物才有了活路,而且似乎永远无忧无虑、精神饱满。这不,在那边的野草丛里,高原鼠兔又闹腾开了!

草原上往往有一些小小的湖泊,但有时干脆来一段深不可测的堰塞湖或奔腾的激流。小湖多是湿地泉水汇聚而成,常常静瑟如处子,倒映着雪山的容貌,汇聚着繁花的拥抱。这里也是鸟儿频频光顾的地方,或为饮水消渴,或为沐浴顾影;牛羊亦来,人马同往,一派祥和的景象。堰塞湖则开山劈谷,坐拥两岸险峰青峦,来路激流飞溅,去时白浪翻涌,所有倒影统统被敲打粉碎,然后一股脑都随之倾泻如注,白茫茫地再也不辨天地,只剩下雷鸣震谷。人在堰塞湖畔看得肝胆俱裂,鸟儿却视畏途如无物:性情彪悍者如猎隼侧翼疾舞,隐居在此的鹊鸭双宿双飞,普通秋沙鸭和河乌在激流中若闲庭信步,还有带着几分呆傻气的绿头鸭和琵嘴鸭动辄就在林缘高飞不止,伴着莫名其妙的欢叫。

最大的惊喜莫过于堰塞湖畔的绿茵之上,洁白无瑕的不是尚待消融的积雪,而是大天鹅慵懒的倦姿。我们放着耐心一点点地靠近,等它们终于睡足了午觉,就在湖面上跳起情舞、开始缠绵悱恻的那一瞬,早已准备好的快门顿时响起欢快的小步舞曲。

当然,草原上最美的是花。单单那些色彩斑斓的报春、戴着小帽子的马先蒿,还有很多鸢尾和叫不出名字的野花,就足以让人脚步迟缓,忍不住频频回首。直到在丛林里撞见似锦缎裁剪而成的新疆芍药,开得比最绚烂的朝霞还要恣意奔放，更加楚楚动人，真的会一时语塞——脑海里蹦出的只剩下那一句："牡丹花下死，做鬼也风流！"[1]

新疆芍药

花瓣是深沉的紫，是每天晨曦时从刚开启的天幕上扯下来的颜色，美得让人无法拒绝；花蕊是金灿灿的黄，蘸了日照金山时天上流淌下来的"蜜汁"，每看一眼，心都会又甜上一次。笼罩在这芍药的光环之下，我不免有些眩晕，以至叽喳柳莺也好，暗绿柳莺也罢，甚至稀罕的灰柳莺，在我看来都成了一个模样，任由它们费心费力地在耳畔叫得热火朝天，大声告诉我它们是如何的不同，我也无动于衷。没办法，姜夔笔下二十四桥边的芍药，估计杜牧也曾看过，到最后干脆连魂都散在那里，我能强到哪里去？

## 喀纳斯与小东沟

图瓦人的村子背靠雪山，下临清溪，门外是草原，山坡便是牧场，而这里的孩子们正在策马奔驰。天蓝得仿佛不真实，看不到一片云；地上是龙胆花的世界，我们步行其间，眼角翻飞的是欧亚红尾鸲的身影，响彻耳际的是圃鹀的歌声。小木屋里的桑拿将所有的疲惫蒸得无隐无踪，而似乎永远都落不下去的太阳终于在晚上十一点收起了光芒。世界从宁静重归寂静，但依旧不会寂寞，因为有漫天的星斗和流水的低吟。只在这里住两个晚上是不够的，但或许又是足够的，因为倘若待得久了，当真

---

[1]　牡丹和新疆芍药（俗称阿勒泰芍药）同为芍药科芍药属（学名*Paeonia*），花型相近，易混淆。——编辑注

圃鹀

不舍得离开也是件麻烦事!

喀纳斯景区虽然名气在外,可时逢夏季,秋色斑斓之美无法显现,相比之下,同属阿勒泰地区的小东沟的高山草原更令人震撼。即使接近七月,小东沟里依然多处白雪皑皑,有些山路两侧的积雪足有一人深。我们激动得从越野车上跳将下来,疯狂地拍摄或者自拍,仿佛再晚一秒钟,那雪就要融化似的。在喀纳斯游览,路线都是在山谷里打转,在小东沟里则不然。我们的车在小东沟里历经九曲十八弯的颠簸之后,稳稳地停在了山脊线上。放眼四周,只觉得豪情满怀:山如细浪,我们,行走在云端!

虽说对英雄要"莫问来时路",可是我们上山的路的确精彩纷呈,不得不提。喀纳斯景区门口的淡灰眉岩鹀,任由一干人翻山越岭上下搜寻也不见踪影。只有当我喊着"大家别找了,赶紧上山"的时候,才发现这个小东西就在我眼前20米外的树枝上晒太阳。清晨的光线和角度都恰到好处,它舒服得已然懒得理会我们,默默地做了一把看客——瞧着我们在它四周的山坡上来回折腾了大半个小时,竟然动也不动。到底是我们在观鸟,还是它在观人?这已不重要,重要的是流光雾霭的山谷晨色,此刻,我们共享!

严格来说,小东沟的山脊已经不算高山草原,因为在海拔3 000米处,砾石遍布,更接近苔原地貌。那些苔藓,绿的像碧玺,红的仿佛美国加利福尼亚州阳光自然催熟的橙橘,干枯的则带着湖绿,哪怕死去也渗着墨绿,决不肯做平庸的装扮。砾石缝里报春花终于可以避开风的呼啸,静静地舒展开绿叶。草坡上,野罂粟在寒风中尽管略略显得战栗不安,仔细看,却闪耀着无比的自信和骄傲,如天庭的琉璃金盏,似佛前的普世明灯。野罂粟不屑借助迷幻的种子去捕获世人的芳心,只需静静地

脚下的雪线和遥远的高山草原

等待你跋涉了千山万水，在疲倦不堪的时候撞见它的惊艳，仿佛历经天启，在精神为之一振之后，不可救药地匍匐在它面前，竭尽所能地放低身姿，然后拍出一张蓝天只配做背景的照片。主角？当然是它！

只是我们原本期待的剧情里，主角是雷鸟，还有小嘴鸻。小东沟的苔原人迹罕至，鸟影亦是难得一见。雷鸟的保护色太过强大，没有火眼金睛的我们爬得气喘吁吁也只能望石兴叹。那些周身油光可鉴、长尾拖地的马匹莫不就是被弼马温放到天河里优哉游哉的天马？它们漫步于这天地之间，饮雪水，沐山风，食嫩草。也许雷鸟就是它们身边的良伴，或者小嘴鸻就是它们的同行者。然而这一切，对我们这些初次闯入仙境的人而言，是摸不着头脑的。我们能看到的无非是忽然飞来一个小黑点，然后立于岩石之上，对着雪色山峦唱出一曲春歌，如山涧水汨汨长流。

其貌不扬的高原岩鹨仿佛一只黑色、细嘴的麻雀，决计无法与美艳的花朵相媲美。然而，花无百日红，它却伴过春红，唱过夏绿，舞过秋风，迎过飞雪。高原之上的精彩，谁又真的比它见得更多？

同行的人已经爬到高处，成了我眼里的一个个小黑点。那里已经没有绿色，即便打上了鸟人们执着的烙印，砾石滩上的世界依然近乎荒芜。我总觉得雷鸟和小嘴鸻未必会喜欢那里，而石缝里众多的昆虫和花草才是它们的最爱，否则哪有舍此求彼拥抱荒芜的道理呢？

找不到鸟，镜头就对着骏马。马儿终于明白我的心思，头一昂。顺着它的目光，我赫然看见小嘴鸻在乱石堆里露出的眼睛。得意不可忘形，大喜过望之后更需谨慎。弯腰俯身，踩过坎坷，靠近一点，再靠近一点……，渐渐地看见了脖子，渐渐地翅膀上隐暗的花纹和腹下的色斑映入眼帘，最后连脚趾头都一览无余，但也不见它离开。我不免诧异，暗地里寻思，难道这是千年等一回的缘分么？

小嘴鸻很美，线条软润，色彩犹如从深夜里苏醒过来的大地。相较于其他鸻鹬类，它远离海洋，又或许对身处高山之巅，被一览众山小的豪情充斥胸怀，这叠山层峦就是山之海，是它眼底大地的波浪。我无法和远在山那头的伙伴们分享与小嘴鸻四目相对的乐趣和激动，此刻它只能独属于我。尽管无人分享会让乐趣大大地降低，但如果这是命中注定，那我也只好独自消受。

正想着要鼓足干劲拿下雷鸟，抬头才发现，就在我沉溺于与小嘴鸻的相遇之际，头顶不知何时变得乌云密布。尽管四周依旧蓝天澄明，这头顶的乌云却厚重凝滞。大雨将至，万般无奈只好掉头下山。未走几

小嘴鸻

步，眼前猛地一亮，随之背后传来炸裂之声，转身又见一道闪电撕开乌云，落在山巅，而那里正是伙伴们苦觅雷鸟之地。心，一下子就提了起来。然而我无能为力，唯有祈祷。此刻，人的渺小和无能在大自然面前尽现无疑！我只希望他们不要开对讲机，不要打电话，不要将三脚架高高地扛起，避免雷击。当我距离车约100米时，大雨倾盆而下；回首仰望，视线里整个山头都已

隐匿不见，原本在山脊左右把长空当戏台的猛禽亦变得长啸急飞，惶恐不安。

我不愿关上车窗，任凭雨滴渐渐变成豆大的冰雹，并借着狂风涌进车内。翘首以盼，当云端之下终于出现众人狼狈的身影的时候，那一刻冰雹打在车顶噼啪作响的声音，听起来竟然犹如黄钟大吕。

世界白茫茫一片，冰雹犹如珍珠遍地，劫后余生的感觉让大家决定立即离开。然而，据说无论是柳雷鸟还是岩雷鸟，都在我看到小嘴鸦的周边。小七和刘阿姨受不了一无所获的沮丧，又跳上其他鸟友姗姗来迟的车，决计继续守候。我们作别在乌云戛然而止的半山，就在开满乌头花的暗紫色山坡上。阳光很快驱散我周身的潮湿和冰寒，而在那遥远的山头，在乌云之下瑟瑟寒风中依旧值守的鸟人们，你们还好么？

无论是开阔天地的大美风景，还是精致傲人的鲜花野鸟，以及变幻莫测的风雨雷电，高山草原所蕴含的精彩和震撼，都需要你贴身感受方能深入骨髓。是夜十点半，从高山上回到宾馆的小七和刘阿姨带着兴奋告诉我们，他们终于守得云开雾散，看到了两种雷鸟。虽然仅仅看到三秒钟，然而那种幸福，你或许并不能理解，而我，深深地懂得！

我从草原来，草原那边花似海……

野罂粟

# 荒漠里的无奖竞猜

有这样积极的心态,世间哪还有什么荒原?
蹲下来,再端详那些貌似千篇一律的红褐色砾石
就会觉得块块都是妙物

我已经搞不清到底什么才能算作荒漠了!

寸草不生的戈壁当然是,偶尔还能看见几簇骆驼刺和梭梭的地方也算,但开满粉色的刺旋花的沙地呢?有着一汪汪如镜的清水而且灌丛长得比人还高的旱地又算什么?

还有盐碱地。白花花的远看似乎水波浩渺,近看却是近乎粉末式的干涸,让人觉得身陷幻境。可是这里并不缺乏植物甚至水,尽管那水是咸的。鸟儿也爱汇聚于此,十多只蓑羽鹤在此育雏足以证明这里也是生命的摇篮。

它们各不相同,唯一的共同点或许是头顶上空烈如尖刀的阳光,却被统称为"荒漠"。然而,我觉得这不公平。这是人类词汇的缺乏吗?还是仅仅源自我们的无知,看不出生活于斯的众多生命的别样精彩?

"往胳膊上撒上点孜然就可以将自己当烤肉,顺便解决午餐"的奇妙感觉,让荒漠之上的人们在烈日的炙烤之下很容易缴械投降。每到此时,我便觉得人类实在太过脆弱。你看那条沙蜥,显然不在乎阳光的炙热:它贴伏在烈日暴晒下滚烫的砾石之上,或者在漫漫黄沙间昂起头颅,从容淡定。

荒漠草原1　　荒漠草原2

荒漠湖泊1　　荒漠湖泊2

　　望远镜里，隔着如洪水翻涌的热流扰动，沙蜥的眼神带着精明的谋略。面对我们的围观，它并不慌于跑开，而是歪头看着我们的镜头，甚至贴近过来，直到逼退我们，然后才猛然转身，一溜烟地缩进一株让我们望而兴叹的骆驼刺下，再也不肯出来。

　　在这种荒漠环境中，鸟明显不太多，但黑额伯劳、红尾伯劳、荒漠伯劳和灰伯劳还能不时地出现在我们的视野。我们虽然很高兴，但步甲、蝗虫和硕螽的心情想必是难以愉悦的。然而，天高云淡，及时行乐才是最正确的选择。这些昆虫之所以忘却那些荒漠杀手尖嘴利爪的威胁，之所以忘情长嘶急唤，无非是爱，无非是生命不息欢愉不止。

　　有这样积极的心态，世间哪还有什么荒原？

灰伯劳

蹲下来，再端详那些貌似千篇一律的红褐色砾石，就会觉得块块都是妙物。无论是春华秋实，还是夏荣冬雪，天地间的色彩尽在其中；挑几个在手里，竟然再也舍不得放下。

我熟知那"沙漠里捡石头"①的古老寓言，知道做人不可贪婪，所以当时只带回几块小石子。如今，我看着那它们静静地躺在家里的鱼缸里，幡然悔悟：这些美石若是有知，纵然面前绿草葳蕤，鱼虾相伴，亦未必会觉得快乐，毕竟当初尽管半截埋在千年黄沙之中，却可以纵情尽赏流云飞鸟，听风喜雨。

我们，或许并不能真的懂得别人的幸福。

但是，我们可以因为别人而幸福！

小宋是我们这个观鸟团中年纪最小的"高三党"，高考结束的第二天就从千里外匆匆赶过来与我们相会。然而他关注的重点并非是鸟，而是哺乳动物。所谓"一鸡抵十鸟，一兽抵十鸡"，显然他的要求比我们高得多，而"后生可畏"隐约就是这样的感觉。

我们第一日有幸在乌鲁木齐市郊的南山见了很常见的灰旱獭和非常罕见的马鹿，第二日在北沙窝见了大沙鼠，第三日见了某种老鼠，然而这些都不是小宋最先看见的。第四日，在路边的旷野上，当众人看见赤狐慢悠悠地走过，他却因为慢一拍未能看见时，腼腆的小伙子直接陷入了崩溃，嘴里开始周而复始地念叨："完了！没希望了，再也看不到什么了！大家都看到了，我连赤狐都看不到，没希望了……"

我不忍心看着小朋友陷入如此境地，心疼，于是安慰他："那玩意挺

---

① "沙漠里捡石头"来自一则古老的中东寓言：深夜走在荒凉的山路上的巴格达商人听从了陌生声音的建议"捡几块石头吧，明天你会既高兴又懊恼的"，就捡了一些石头，但数量不多。天亮后，他发现捡拾的石头变成宝石，先是很高兴，随后又因捡得太少而无比懊恼。——编辑注

多的。我以前在祁连山就遇见过，很近，夕阳下赤狐的毛色红中带金，眼神妖媚蛊惑，简直不敢多看，比今天这只瘦不拉儿的漂亮多了。"

小宋的眼睛不知道从什么时候变得有点发绿，我想他一定是被我的安慰感动了。真的！

然而，是天山黄鼠挽救了小宋破碎的心！尽管后来我们见了很多只，但他终于做到了第一个发现这种哺乳动物。当时，端着相机的小宋在草原上兴奋地冲刺、减速，最后匍匐前行。这些黄鼠早就习惯了牧民在身边策马狂奔，对他并不畏惧：它们一会儿将脑袋缩在草丛里，逗得小宋急得直冒汗，一会儿又伸出头来摆出一副呆萌的样子，对他赤裸裸地勾引。

那一刻小宋一定是幸福的。但是，在高海拔地区狂奔很需要体力，而作为一个长期伏案备考而缺乏运动的"高三党"，他虽然是观鸟团中年龄最小的成员，却也是体能最差的那个，估计10个小宋都跑不过年纪最大且已经退休的刘阿姨。等他笑容满面但气喘吁吁地归来，我拍拍这位少年的肩膀，关心地说："还是先养养元气吧。你为啥跑那么远呢？我这个位置也有一窝，你看，10米都不到！"

可能是因为对我提供的信息感到太激动了，小宋谢我的话半天都没说出口来。

还是因为小宋，否则我对卡拉麦里没有任何期待。

从我们决定穿越准噶尔盆地的头一天开始，小宋嘴里便反复念叨"卡拉麦里"这四个字。他的锲而不舍终于唤起我记忆深处的模糊点滴：是有那么一个自然保护区，位于我国西北荒漠深处，可以看到很多大型野生动物，好像在某期《中国国家地理》杂志上有篇文章介绍过，作者貌似还是我一个熟人的朋友。

没错！想起来了，那个保护区就是新疆卡拉麦里山有蹄类野生动物自然保护区。至于介绍卡拉麦里山的那期《中国国家地理》杂志，前两天我刚刚看过的。嗯，对了，就是小宋带上车的。

我果真老了！老得过目即忘，幸好有小宋。

　　其实大家都很期待。"葱哥"提议我们全团的人就可能看到的第一种哺乳动物进行无奖励竞猜,然而刘阿姨很不解地说了一句:"又不是鸟儿,有啥好猜的?!"

　　"葱哥"是一个不弃垒的人,决定将无奖励竞猜的规矩改变一下——谁猜对了谁就请大伙儿吃西瓜。在我们这个"不合常理就是常理"的观鸟团,果然瞬间人声鼎沸,脑洞大开,纷纷开始遐想。

　　我是老实人,老老实实地说"野驴"。别人说什么我不记得了,因为我说完没几分钟,张师傅的车就停了。在我们左边的荒野上,有2只……10只……20只,哦不,31只蒙古野驴,正悠闲地在稀疏的草地上吃吃吃!

　　谁能想到真的看到了呢?这些双耳高耸的蒙古野驴,高大威猛,膘肥体壮,完全不似陕北小毛驴哼哼哈嘁的那般畏畏缩缩。等它们远远地静下来与我们开始一场持久的对视时,它们那长长的尾巴在风中如拂尘出世,又似天界神物。

　　除了继续保持高冷姿态对这些野驴不屑一顾的刘阿姨,整车人都沸腾了,小宋更是冲在了最前面。在穿越卡拉麦里山的公路上车辆一般不多,但正好有一车游客路过,于是顺着我们所指的方向,他们也饱了眼

旷野上的蒙古野驴

福。尽管没有望远镜，也没有长焦镜头，可他们脸上的兴奋倒也不亚于我们。在大自然面前，果真每个人都是好奇的孩子——刘阿姨除外！

刘阿姨心底所有的好奇都留给鸟儿了。当我们在车上欢天喜地地竞猜下一个遇到的哺乳动物会是什么时，她话都懒得说。这次我真不知道要猜什么好了，就说："羊吧，或者羚羊。"

我话没说完，刘阿姨突然插话了："有鸟！树丛里有鸟儿。"

我往窗外看了一眼，哪有鸟儿啊？！那不过是红柳灌丛边一个一晃而过的白色大屁股而已。可是，那不正是鹅喉羚特有的心型大屁股么？！我定了定神（时间可以忽略不计），然后大吼一声："有羊！"

车"吱……"地一声，停住了。

那只雄性鹅喉羚一路小跑，而我们借着土堆的隐蔽正欲仔细观察，它却回头了，还冲我们龇了龇牙，隐约带着诡异的笑。我们刚有些不解，就见它忽然后腿下蹲，屁股下沉，羊粪蛋蛋滚滚而出。就这样，我们被一头羚羊彻头彻尾地无情嘲弄了！

等我们发现另一个方向有一只雌性鹅喉羚在觅食的时候，才意识到先前雄羚的肆意，或许只是为了保护这只看上去温顺得多的雌羚。难道，雄羚想通过自身的离开来吸引我们这些"外来入侵者"的注意，使雌羚可以安安静静地在白云的影子下悠闲地多待上一会儿，让微凉的风轻抚过后者优雅的背弓和长长的睫毛么？

刘阿姨不情愿地立功了，小宋的脸上也露出了微笑。我们沉浸在刘阿姨赐予的幸福当中，却没心没肺，全然不理会她依旧没有看到期待的蒙古沙雀的焦虑。可话说回来，角百灵和草原百灵她这一路可是拍照到手软。这，算扯平了么？

车开出了卡拉麦里山，驶进古尔班通古特沙漠。公路两边的沙丘已经被人工固沙埋植的荒草锁死，再不能兴风作浪去打搅人类的幸福。先前我的愿望——看到"如凝固的翻滚海浪一般诗意的沙丘"——成了"失意"的泡影。我们就这样真真切切地穿越了沙漠，却只像做了一场梦。

谁也没想到的是，梦醒的时候，等待我们的竟会是一个魔幻的世界。

# 地涌五彩
## ——新疆魔鬼城

新疆最瑰丽多姿的
并非草木葳蕤之外貌
亦非百花盛开之芳泽
而是大地袒露的胸怀

别了新疆，回到温润潮湿的厦门。在蔚蓝的大海里畅游之后，也许是因为长途旅行的疲劳还未消尽，我躺在椰林下的沙滩上，吹着微凉的海风，竟然不知不觉地就睡着了。梦里，不出意外地又回到了新疆，回到那个魔幻的地方。

关于新疆，我已经写过湖泊，写过高山草原，还写过荒漠。毫无例外，它们波澜壮阔，但也不可否认，它们缺少色彩的斑斓。或许你不同意这一点，毕竟波光倒影、水碧天蓝，还有绿草如茵、野花遍地，这样的场景在前文里都出现过。

然而，你却有所不知，所有的那些色彩，或偏于单调，或略显淡素，或过于凌乱。新疆最瑰丽多姿的，并非草木葳蕤之外貌，亦非百花盛开之芳泽，而是大地袒露的胸怀。上述的一切色彩，在赤裸裸的岩层和土壤面前，都会显得单薄。只有这些岩层和土壤，才是孕育众多繁华的根基，是万物缤纷的色彩之母；它们耀日月之光华，涌天地之精粹！

毋庸置疑，是丰富的矿藏和复杂的地质运动造就了这壮丽的千里画卷。这画卷绝非《富春山居图》①那样柔软的笔触能够表达，亦用不着皴、泼、点、麻等技巧。它所需要的，是雨雪的冲刷、风沙的雕琢，还有时光之刀的劈砍。假如将有着浓艳色彩的《鹊华秋色图》②放到这自然画卷面前，你会发现那幅传世名作会顿时黯然失色，因为在新疆，这干涸大地上翻涌的土浪石涛上所凝聚的色彩，并非是浓缩，而是无尽的渲染。这是一眼就醉到天荒地老的渲染！

　　自然是最伟大的艺术家，亦是睿智的心理学者，它用永恒的色彩慰藉着这片土地上生命的荒芜。

　　从石河子到克拉玛依的路边，烈日死死地摁住车上的窗帘，然而从缝隙中不时闪现的一道道大地的靓丽身影让人欲罢不能。于是，我任由刺啦啦的阳光"哗"地一声撕开窗帘，让那粉的浪、红的波、褐的纹、紫的片、黄的线、黑的块统统都跳入眼底。它们，还有似乎永恒的蓝天和白云，统统地，都化作快门声，声声入耳！

　　被这一道道色彩的洪流包裹着的克拉玛依，是一座因为油田而诞生的城市，却没有水源。那些不停歇地"磕头"的抽油机、化工厂、采矿场无不表明，人们或许更在意这色彩背后的经济价值。我无法改变这个事实，只好换个角度去想——这些色彩已不仅是上天用来慰藉人类，而且是完完全全地养育了一座城市里所有的生命。慰藉与滋养相比，后者显然更加慷慨伟大。只是，我们该如何感恩和回馈呢？

　　行走在新疆很多地方，脚下是玛瑙的海洋，也是荒漠玉石的世界，仿佛步履生花。然而，这些并不足以让人忘记干燥的空气、炙热的阳光和窒息的高温。唯有在云雀一飞冲天、歌声响彻云霄的那一瞬间，才让人意识到这天地之灵的所在——鲜活的生命。可那些色彩的生命又在哪里？

---

① 《富春山居图》为元代画家黄公望的传世代表作，水墨画，描绘浙江富春江两岸山光水色的初秋景色。——编辑注
② 《鹊华秋色图》为元代画家赵孟頫所作，设色画，描绘齐州（今山东济南）的华不注山和鹊山的秋景。——编辑注

乌尔禾魔鬼城

　　在克拉玛依乌尔禾魔鬼城外，眼前的美景早已让人忘记了我们守候大鸨未果的沮丧。金色的山丘裹着绛红与雪白交织的纹理；浅水微澜，却已囊括天之蔚蓝，荡漾出海的气息。去年生的草荒而不倒，傲立风中，而今年长的苗郁郁葱葱，藏虫纳蚋，引得黄头鹡鸰频频折腰。

　　夕阳之下，白云如莲花覆顶，山间千尊金佛隐现。此景当前，手中无酒亦可饮风长歌——壮哉兮，魂飞扬；美哉兮，神何往！

　　阿勒泰五彩城，沙漠之中的瑰丽世界，更是真正的魔幻王国！我们尚未靠近，就已经惊叹成癫狂。在寸草不生的黝黑山间，天地之美色突然大放异彩，容不得你拒绝。除了那位古希腊神话中任性的第三代众神之王宙斯，能用油画笔蘸着打翻了的调色盘在大地的衣衫上肆意涂描，我实在想不出谁还能创造出这样疯狂的杰作！

　　如今在厦门回忆起来，满脑海都是在山谷中闪耀、犹如五线谱一样流淌的色彩，仿佛没有穷尽。再仔细回想，那些色彩似乎又回旋环绕构成一个个轮回，更加无穷无尽。究竟是佛法虚空，还是我心生幻象？

　　依稀记得那山谷间忽然驼铃声声，一队人马仿佛从远古走来，气宇轩昂，神情朗朗。一袭袈裟之下，是"玄奘归来"的踌躇满志，也是慈悲心的

某个电影剧组在阿勒泰五彩城拍摄

坚韧不拔。究竟是在拍电影，还是千年的穿越都已不再重要。夕阳映照在"玄奘"不再年轻的脸庞之上，而他的背后，是一个绚烂无比的世界。

后来到了哈密魔鬼城，但我们并没有看到夕阳，因为当时天空中涌动着骇人的乌云——这在以干旱著称的哈密地区是极度罕见的。此处的魔鬼城在这时候失去了华丽的色彩，变回砂土的颜色。然而，你只需走近一点，那些砂土的变化还是会让你精神为之一振——从土褐色到极淡的粉黄色，它们所呈现出来的精彩，已经融进了被风雕凿出来的各种形态当中，荟萃了世间最诡异的美。这里的砂土成为一种牵引和导流，勾着你的目光，直到天边那朵紫色的乌云。

我想，我大约懂得了色彩的生命究竟在哪里。它虽长于天地，却活在人的心里。只要你懂得多彩的美，它便是你我，是儿时的梦幻、现在的日常和明天永恒的希望。

哈密魔鬼城

# 新疆行之"不算结局的结局"

作为一位旅者
时间总是伴着我的脚步流淌
它是我孤独的、同时也是最好的朋友

从乌鲁木齐回到厦门后的第三周，收拾好行囊，我又一次向西部出发。这次先是去了四川，然后北上到甘肃，旋即又西进去了青海，围着柴达木盆地绕了一圈，期间曾经在可可西里的边缘与藏野驴默默对视。恍惚间，还有在眼前飞奔的藏原羚，以及在远处的高山草原上闲庭信步的野牦牛。此外，记忆中的那些雪山、草原、荒漠、戈壁、沙丘仿佛让我感到依旧身处新疆，在那个大得似乎一旦来了就永远走不出去的新疆。

我肯定还会再去新疆的，毕竟这次为了观鸟，行程中很多绝佳的地质景观都只能擦身而过。关于新疆的鸟儿，也觉得今后总该挑几种好好地写一下。如果不是为了追寻它们的翅膀，就连那些已经到达的地方，也不可能会出现在我的生命中。所以，我每次在观鸟之后写这些自然行记时的心情，尽管掺杂了很多对世事的感叹，但出发点则多半是为了感谢它们——给

东天山南麓荒漠中常见的刺旋花

予我奔向远方的永恒动力。

东天山南麓尽管多是戈壁荒漠,却是刺旋花盛开的地方——生命之灿烂,莫过如此!东天山北麓则水草丰茂,站在山下会让人觉得自己回到儿时,面对着高冷伟岸的父亲,信赖与距离感、威严与呵护并存。

再往北,是冰川的融水汇集而成的巴里坤湖。我没去过巴里坤湖,因为在它旁边还有小一点的幻彩湖。后者似一片霓虹轻轻地飘落在草原上,像风吹过桃花盛开之地所泛起的粉红色的花之涟漪。她在满是褶皱的群山环绕中静静地舒展着,与湿漉漉的草甸携手相伴,给西黄鹡鸰和角百灵一个可以玩到不知疲倦的游乐场。这两种鸟儿在西北的草原比较常见,其中黄澄澄的西黄鹡鸰好像会飞的细香蕉,而胖墩墩的角百灵像是戴着粗大黑项圈的总角小儿。因为都很活泼,所以看了它们很多次也不会觉得厌倦。

新疆给人的感受大抵类似。尽管任何一种地貌在当地都占据了无比之大的空间,久陷其中不免觉得单调,可在那"单调"之中,贴近了看,还藏着无数让人着迷的细节——在草原无尽的绿意之下,是百花盛开的绚烂;戈壁砂石遍地中有沙蜥疾驰、硕螽鸣唱。即便是些石头,也会五彩缤纷,个个都绽放着美意!

所以,我的朋友,脚步莫要匆匆。时间如流水,你若得意咆哮,只能得到浑浊不堪的记忆;细水长流,在潺潺叮咚之间,才有余音绕梁的天籁之音。

我的表哥前几年因为工作关系来到哈密。他也是爱玩之人,可一是因为忙碌,二是本能地被绿洲之外的荒芜阻挡了步伐。这

硕螽

次我去，哥俩正好一路探索，我是赞叹，他则是惊喜。只是他的项目已接近尾声，那些惊喜，旋即都成了他吐槽沙尘暴之后的种种眷念和不舍。

可是，毕竟是我要先离开新疆啊！表哥还有时间去听哈萨克族小伙弹琴，看维吾尔族姑娘跳舞，吃戴着小花帽①的大叔做的烤肉，然后在山风穿过的林间空地上，美美地睡上一个午觉，而这一切对我来说只能成为今后的回忆了。真的是这样么？

此次新疆行后，褐头鸫不过是惊鸿一瞥，波斑鸨还只是一个传说，黑百灵依旧是我幻想中的中世纪铁面武士，小滨鹬仍然无影无踪，玉带海雕苍穹无痕，而金黄鹂娇躯未现笑先闻，却始终避而不见。就连在新疆当地常见的蓝胸佛法僧，它的眼神究竟是清澈如菩萨还是浑浊如世人，我还是没能搞清楚。而且，我把一台对讲机遗忘在雷鸟隐匿的高山，如今在家里旋开另一台，寂寥的嘶嘶电流声后，大山对我的呼叫隐约萦绕在耳畔。

我忽然明白表哥比我更加留念新疆是很正常的。他还要去其他地方继续忙碌；尽管前方有新的风景，但是他的时间之河在新疆已经流过。然而，我作为一位旅者，时间总是伴着我的脚步流淌，它是我孤独的、同时也是最好的朋友。

新疆那么大，不，世界那么大，我还会去走一走。

---

① 由于维吾尔族男女老少都爱"戴尕巴"（四棱小花帽），口语中常用"小花帽"指代维吾尔族群众。——编辑注

# 致 谢

这虽然是一本写我与鸟儿邂逅的书,但要感谢的,是人生的相逢。

本书的顺利出版,最早得益于中国科学技术大学的校友、天文学博士卢昱先生的引荐。在他的引荐下,上海科学技术出版社的唐继荣博士成为本书的责任编辑。唐继荣先生具备中国科学院动物研究所生态学的专业背景,并且有在野生动物保护第一线的工作经历。在对本书的编辑过程当中,他内心对大自然深沉的爱令我这些随性之作在文法的严谨性和内容的科学性上都得到重要的提升。段艳芳编辑也对本书的出版付出了努力。在此请允许我一并表示感谢。

还应该感谢多年来一起观鸟、一起从事环境教育和保育工作的伙伴们。有你们在,观鸟的人生之旅便不再是一个人孤独的旅行,而是充满了欢乐的朝夕相伴。其中,张明先生(网名"村长")、韦铭先生(网名"林子大了")、唐安先生(网名"AT")、陈祖灵先生(网名"古古炊烟")、陈一文先生(网名"一文走天涯")等好友提供了很多照片,再次表示感谢。

最后,要特别感谢长期"纵容"我不务正业的家人、亲戚和好友,你们的包容是我今后依然可以"我行我素、行走江湖"的强大心理后盾。我甚至从你们那里获得过不菲的"资助"用来购买影像设备以便能拍摄出大自然更多更好的画面。无论走到天涯海角,我永远爱你们!

# 鸟类名称索引